LES

CENT MERVEILLES

DE LA NATURE

3e SÉRIE IN-8o

LES
CENT MERVEILLES
DE LA NATURE
PAR
M. DE MARLÈS
ALFRED MAME et FILS
éditeurs
TOURS

Trombe dans le golfe de Naples.

LES CENT MERVEILLES DE LA NATURE

PAR

M. DE MARLÈS

DIX-HUITIÈME ÉDITION

REVUE AVEC SOIN

ET MISE AU NIVEAU DES CONNAISSANCES ACTUELLES

TOURS

ALFRED MAME ET FILS, ÉDITEURS

M DCCC XCII

LES

CENT MERVEILLES

DE LA NATURE

LE CIEL

De toutes les merveilles dont la main du Créateur a rempli l'univers, la première, la plus étonnante, la plus capable de nous donner l'idée de la toute-puissance en nous laissant couvaincus de notre petitesse, c'est incontestablement, suivant nous, l'aspect du ciel. Quel homme, en contemplant l'étendue immense de l'univers, la sagesse des lois innombrables qui le régissent dans toutes ses parties, l'harmonie qui résulte de tant d'éléments divers, de tant de formes si variées, de tant d'actions différentes, de tant de propriétés particulières qui toutes s'exercent sans se heurter ni s'entraver, cette voûte azurée où tant de feux étincellent ; quel homme ne s'est senti pénétré d'une admiration qui, forçant sa raison à s'humilier, courbe son front dans la poussière en présence du Créateur? quel homme, s'il n'est tout à fait aveuglé par l'orgueil, ne reconnaît que la toute-puissance a pu seule, en n'employant dans l'ordonnance du monde que des moyens extrêmement simples, produire des résultats aussi extraordinaires?

Nous devons dire ici que certains écrivains, abusant du

talent qu'ils reçurent du Ciel, ont prétendu expliquer la formation de l'univers en le représentant comme une machine dont les mouvements, produits par des causes toutes physiques, ne dépendent en aucune manière de la volonté de l'ouvrier; c'est que ces écrivains, dans leur audacieuse impiété, ne veulent pas convenir que l'ouvrier existe. Déjà, dès les premières années du XIXe siècle, s'annonçait impudemment cette fausse philosophie qui, dans les causes du mouvement des astres, ne reconnaissait ni intention providentielle, ni cause finale, ni action divine; qui, au contraire, faisant découler tous les faits constatés depuis trois siècles d'une *loi unique*, refusait d'admettre l'existence du Créateur de cette loi; qui poussait même la démence jusqu'à dire qu'il n'y aurait de véritable science astronomique que lorsque, secouant d'*anciens préjugés*, l'astronomie aurait banni de son domaine le mot DIEU, pour y substituer quelque *principe positif*, tel que celui de la *gravitation*. Certes, voilà ce pur matérialisme qui cherche dans le mouvement imprimé et dans la réaction opérée en sens contraire, dans la force de répulsion opposée à celle d'impulsion, dans la force centrifuge luttant contre celle de l'attraction, un argument plausible contre l'existence d'une volonté divine; comme si l'admirable équilibre qui soutient dans le vide tous les corps célestes ne prouvait pas, au contraire, qu'une intelligence suprême a présidé à la formation de ces corps, et créé le mouvement et la réaction qui constituent l'ordre et l'harmonie.

L'homme, en naissant, a tourné ses yeux vers le ciel; faible et nu sur la terre, il a senti qu'il y avait au-dessus de lui une puissance protectrice; et tout en recevant la douce influence du soleil, tout en s'éclairant de la lumière des astres, son cœur s'est élevé vers le Créateur des merveilles de l'univers, être inconnu qu'il ne pouvait voir, mais qu'il trouvait partout et reconnaissait dans ses œuvres. Plein du désir de s'expliquer à lui-même tout ce qu'il éprouvait à l'aspect du ciel, conservait-il le souvenir d'une tradition antérieure, souvenir promptement affaibli chez les enfants de Cham ; ou bien pressentait-il une autre patrie, séjour de bonheur qu'il pourrait mériter par ses œuvres, lorsqu'il viendrait à quitter l'enveloppe terrestre qui retenait son âme captive? Ah! que le matérialisme explique cet accord unanime de tous les peuples dans tous les pays et dans tous les âges, cette pensée universelle qui monte vers le ciel! qu'il nous dise quelle portion de la matière donna aux hommes la conscience de leur Créateur!

Nous ne ferons pas ici l'histoire du ciel. Contentons-nous de dire que l'étude astronomique, dans les premiers âges, n'étant pas encore soutenue par l'expérience, enfanta beaucoup d'erreurs; et si quelques individus eurent sur la nature et le mouvement des corps célestes des notions assez justes, si Philolaüs et Anaxagore pressentirent le double mouvement de rotation de la terre sur elle-même et autour du soleil, beaucoup d'autres, emportés par leur imagination, émirent des doctrines plus ou moins dénuées de vraisemblance, ne s'arrêtant dans leurs aberrations qu'aux dernières limites du ridicule. Ainsi Métrodore enseignait que la voie lactée, reconnue aujourd'hui comme un amas immense d'étoiles, était l'ancienne route du soleil; Leucippe, que le mouvement violent des étoiles les faisait enflammer et qu'elles mettaient le feu au soleil, ajoutant que la lune se ressentirait à la longue de cet embrasement; Xénophane, que le soleil n'était qu'un nuage enflammé, et qu'il y avait plusieurs soleils pour éclairer toutes les parties de notre terre; le stoïcien Chrysippe, que chaque astre était animé par un Dieu particulier; Platon, que le monde entier était un animal intelligent.

Au moyen âge, on se jeta dans des erreurs d'un autre genre. On supposa que les astres avaient sur les choses d'ici-bas une influence réelle; que cette influence même était si puissante, qu'elle s'exerçait sur l'homme et jusque sur sa volonté, au point de déterminer ses actes. Par cette influence supposée, ainsi que par l'aspect de la position de ces corps célestes, on crut pouvoir prédire les événements futurs : cet art prétendu prit le nom d'*astrologie judiciaire*. Du reste, nos astronomes ne firent que ressusciter de vieilles doctrines; car on croit généralement que l'astrologie naquit dans la Chaldée, d'où elle s'introduisit dans l'Inde, où les Grecs en puisèrent plus tard les principes. Aujourd'hui le nom d'astrologue est presque une injure, et l'astrologie est regardée comme une chimère. Il faut pourtant dire que l'astrologie a puissamment contribué aux progrès de l'astronomie, et qu'elle n'est devenue une fausse science que lorsque ceux qui s'en occupaient, dépassant le but qu'ils devaient se proposer, lui ont demandé plus qu'elle ne pouvait leur donner. Le tort des partisans de l'astrologie a été de vouloir soumettre à l'influence des astres la libre volonté de l'homme. Tycho-Brahé, qui croyait fermement à l'influence des corps célestes, convient toutefois qu'elle ne s'étend pas sur la liberté humaine. « L'homme, dit-il, renferme en lui-même une force plus grande que celle des astres. S'il vit selon la justice, il surmontera toujours leur influence. »

Jusqu'à ces derniers temps, on prétendait qu'il n'est pas impossible de prédire avec quelque succès, par l'inspection des astres, les effets naturels, tels que les changements de temps, les tempêtes, les inondations, les tremblements de terre, etc., c'est ce qu'on appelait l'*astrologie naturelle*. Quelques faiseurs d'almanachs, qui exploitent la crédulité populaire, se mêlent encore d'annoncer à longue échéance la neige, les vents, la pluie, les ouragans et autres phénomènes météorologiques. Ces prétentions, que le succès n'a point couronnées, sont aujourd'hui abandonnées par les savants sérieux. On admet que le soleil et la lune, en exerçant une attraction sur l'océan atmosphérique qui entoure notre globe, y déterminent les marées aériennes, et y produisent des mouvements généraux qui nous apportent le froid, la sécheresse ou l'humidité; mais les autres astres semblent étrangers à ces phénomènes. Les causes des perturbations météorologiques ne sont pas encore toutes connues, il est vrai; mais quelques lois se dégagent déjà des observations multipliées qu'on exécute pour cet objet en Europe et en Amérique, et il est permis de prévoir, à quelques jours de distance, le temps probable que nous avons à espérer ou à craindre. Réduite à ce rôle modeste, la météorologie a rendu plus de services réels, depuis quelques années, que toute l'astrologie naturelle pendant de longs siècles.

LE MONDE

On a quelquefois désigné sous ce nom l'univers entier ; mais, en général, la signification de ce mot, beaucoup moins étendue, indique seulement la partie de l'univers que nous habitons. A l'aspect des merveilles que ce monde renferme, l'homme sent Dieu en lui, hors de lui, au-dessus de lui, dominant sur l'univers ; tout lui parle de Dieu : heureux quand sa raison soumise se repose sur cette idée que l'Intelligence suprême gouverne les mondes créés par la Toute-Puissance. Mais que cette raison, trop souvent orgueilleuse, ne tente pas de soulever le voile dont la Divinité s'enveloppe, d'expliquer ce qu'elle ne peut concevoir, de soumettre à l'analyse l'essence d'un être dont l'analyse est impossible ; que les sciences philosophiques, au lieu de produire la soumission et la reconnaissance, ne dégénèrent pas en esprit audacieux de système ; que les hommes s'abstiennent de vouloir faire naître la vérité de leurs vaines hypothèses, s'ils ne veulent que les notions primitives s'altèrent ou se corrompent, que les illusions les égarent, que leur imagination s'élance dans une carrière sans limites, qu'elle flotte au hasard sur un océan sans rivages, comme un navire sans gouvernail ; que l'erreur, revêtue de théories brillantes, mais insensées, se montre nue et hideuse sous cette transparente enveloppe.

Parmi tous les systèmes qu'enfanta la raison humaine parcourant sans guide la carrière ouverte devant elle, se montre au premier rang celui des philosophes de l'Inde, qui, probablement recueilli par Pythagore, fut transplanté par lui dans la Grèce, et qui, diversement modifié, devint celui de ses disciples, de Timée de Locres, d'Anaxagore, des stoïciens et même des néoplatoniciens. Témoins du mouvement imprimé à la matière, de l'instinct des bêtes, et surtout de cette union incompréhensible d'un corps matériel et périssable avec une substance intelligente qui dirige tous les mouvements de ce corps par la pensée et la volonté, les Indiens, et avec eux les

Phéniciens, les Égyptiens, les Babyloniens, etc., tout en convenant que le corps a été formé par Dieu, s'accoutumèrent à penser que l'homme était une portion même de Dieu, que dès ce moment ils regardèrent comme une intelligence répandue dans tout l'univers, et donnant aux corps créés une portion de sa propre substance. Ils crurent de plus que cette portion de substance divine donnée à l'homme, après s'être séparée du corps, et au bout d'un certain temps d'épreuve destiné à lui rendre sa pureté native, rentrerait dans l'âme universelle, où Dieu se confondrait avec elle.

Ce système, qui n'est autre chose que le panthéisme, qui enseigne que tout ce qui existe est Dieu, et confond ainsi Dieu avec l'univers, fut adopté par les Grecs et plus tard par les Romains. Dans les premiers siècles de l'Église, les gnostiques, qui prétendaient communiquer avec Dieu, et recevoir de lui la connaissance de son Être, avaient fait revivre les idées de Pythagore; l'école néoplatonicienne d'Alexandrie les adopta aussi en grande partie; et beaucoup plus tard le trop fameux Spinosa a soutenu que Dieu, principe universel de la vie, existait partout, et, se distribuant lui-même de mille manières à tous les êtres créés, avait donné à chaque homme une portion de sa substance destinée à retourner à sa source après la mort corporelle.

Nous parlerons succinctement ci-après, au mot *Terre*, de la formation matérielle du monde, c'est-à-dire de notre planète considérée comme corps céleste parcourant dans l'espace sa carrière particulière.

LE SOLEIL

Le soleil est un corps immense, de forme sphérique, placé non au centre de l'univers comme on l'a dit souvent sans réflexion, mais au centre de notre système planétaire, tournant sur lui-même en 25 jours 16 heures, d'orient en occident, et de là répandant sur la terre et sur les planètes les flots de sa brillante lumière. Il existe à sa surface diverses taches qui en

L'aurore.

occupent à peu près la dixième partie. On ignore la cause qui les a produites ; mais c'est par elles qu'on a pu reconnaître le mouvement de rotation et la forme de cet astre, dont la distance moyenne de la terre excède 34,000,000 de lieues. Quant à son diamètre, il est égal à cent dix fois le diamètre de la terre (330,000 lieues).

Le soleil, à peu près immobile, a cependant un mouvement apparent très sensible ; il nous semble le voir marcher d'orient en occident, tandis que nous n'apercevons nullement le double mouvement de la terre, quelque réel qu'il soit. Cela vient de ce que les objets dont l'image se déplace dans notre œil, sans que nous fassions mouvoir l'œil ni la tête, paraissent se mouvoir eux-mêmes, et que ceux qui conservent constamment dans notre œil la même place, indépendamment de notre mouvement propre, nous semblent immobiles. C'est ainsi que dans un bateau, dans une voiture où nous sommes emportés avec rapidité, nous ne voyons se mouvoir ni la voiture ni le bateau, parce que, respectivement à nous, ils se trouvent toujours dans la même situation ; nous croyons, au contraire, voir s'avancer ou fuir les objets que nous rencontrons au passage, parce que leurs images se déplacent continuellement dans notre œil.

Lorsque, dans son mouvement apparent de révolution autour de la terre, le soleil rencontre et coupe l'écliptique (on nomme ainsi le cercle que la terre parcourt dans sa révolution annuelle autour du soleil), ce qui arrive deux fois chaque année, vers le 21 mars et le 21 septembre, le jour est égal à la nuit pour toute la terre, et c'est pour cela qu'on appelle *équinoxes* les deux points de section. On appelle solstices les deux points où l'ecliptique touche les deux tropiques, c'est-à-dire deux cercles éloignés de l'équateur d'environ 23 degrés 1/2. Le soleil paraît arriver aux solstices en juin et en décembre. C'est à ces deux époques qu'on a les jours les plus longs et les plus courts de l'année, respectivement et alternativement dans les deux hémisphères nord et sud, en deçà et au delà de l'équateur. Ainsi, quand cet astre atteint le solstice de juin ou d'été, et que les habitants de l'hémisphère nord ont les jours les plus longs, ceux qui habitent dans l'autre hémisphère ont les jours les plus courts, et *vice versa*.

C'est la présence du soleil de l'un à l'autre solstice, ainsi qu'aux deux points équinoxiaux, qui constitue les saisons. Quant à la différence de température qui se trouve entre les saisons, elle ne dépend pas du plus ou du moins d'éloignement du soleil; elle est due à l'inclinaison de l'axe de la terre sur l'écliptique, inclinaison qui amène la durée plus ou moins longue de la présence du soleil sur notre hémisphère, et le plus ou moins d'obliquité de ses rayons; car c'est précisément lorsque le soleil est plus près de nous, c'est-à-dire au solstice d'hiver, que nous avons le temps le plus froid; le contraire arrive lorsqu'il se trouve à son apogée, c'est-à-dire au point le plus éloigné de la terre. C'est que dans le premier cas il reste plus de temps sur l'horizon et que ses rayons ne frappent notre globe que très obliquement, tandis qu'au second cas nous recevons ses influences pendant un temps bien plus long et que ses rayons nous arrivent presque perpendiculaires. Il existe au surplus des causes locales qui peuvent élever ou abaisser la température : l'exposition au midi ou au nord, les forêts, les chaînes de montagnes, l'abondance des eaux, les grands fleuves, le voisinage des mers, l'*altitude* ou élévation du sol au-dessus du niveau de la mer, etc. Chacune de ces causes peut contribuer à la modification de la température. Quelquefois elles agissent toutes ensemble ou du moins en grand nombre. L'altération devient alors très sensible. C'est ainsi, par exemple, que l'Amérique est généralement plus froide que l'Europe et l'Afrique aux mêmes degrés de latitude.

Le soleil nous éclaire; de lui nous vient la lumière; nous en parlerons bientôt dans un article spécial.

LA LUNE

La lune est le satellite de la terre, qu'elle accompagne dans sa révolution annuelle autour du soleil. Elle tourne sur elle-même en 27 jours 8 heures, et dans le même espace de temps elle décrit autour de notre planète une ellipse dont celle-ci occupe un foyer; de sorte qu'on reconnaît dans la lune trois mouvements distincts : de rotation sur son axe, de révolution mensuelle autour de la terre, et de révolution annuelle autour du soleil.

C'est un corps opaque, empruntant du soleil toute sa lumière, qu'elle nous renvoie par réflexion. La distance moyenne de la lune à la terre est de 85,000 lieues ; la longueur de son rayon ou demi-diamètre n'est que de 391 lieues, et son volume excède à peine la 50e partie de celui de la terre. Malgré son peu d'étendue, elle exerce beaucoup d'influence sur notre globe.

Elle se montre à nous sous divers aspects, qu'on nomme *phases*. Quand elle est en *conjonction*, c'est-à-dire quand elle se trouve entre le soleil et la terre, nous ne pouvons la voir, parce que sa partie éclairée est précisément celle qui nous est cachée ; on dit alors que la lune est nouvelle. Deux à trois jours après sa conjonction, on commence à la découvrir vers le couchant sous la forme d'un croissant très délié, qui prend tous les jours plus de consistance, et dont les pointes sont tournées à gauche. Le huitième jour, elle nous montre la moitié de sa partie éclairée : c'est le premier quartier. Le quinzième jour, son disque se montre tout entier vers l'orient : c'est ce qu'on nomme pleine lune. Parvenue à ce point, elle commence à décroître : ce qui lui fait reprendre peu après la forme d'un croissant dont les pointes sont tournées à droite, et qui va toujours en diminuant jusqu'à ce que, vers les derniers jours du dernier quartier, il devienne tout à fait invisible.

Examiné au télescope, le bord intérieur du croissant paraît tout dentelé, et, dans le corps même du croissant, on aperçoit des points lumineux avant que la clarté du soleil soit également répandue sur toute la surface de la planète. Ces deux circonstances ont fait présumer que la surface de la lune, semblable à celle de la terre, est couverte d'aspérités. On a même supposé qu'il y a dans la lune des mers, des forêts, des montagnes, et de là on en a conclu qu'elle est ou qu'elle peut être habitée. Nous ne nous arrêterons pas là-dessus, car on sent qu'on n'a pu former sur ce point que des conjectures fort vagues. Ce que nous pouvons dire, c'est que les taches qu'on a remarquées sur le disque de la lune ont servi à faire connaître les divers mouvements de cet astre.

La lune est sujette à de fréquentes éclipses. On entend par ce mot la privation de la lumière que cet astre éprouve par l'interposition de la terre entre le soleil et lui : ce qui ne peut arriver qu'au temps de l'*opposition* ou de la pleine lune. La terre, éclairée par le soleil, laisse derrière elle une ombre immense qui se projette au loin sous la forme d'un cône. On a calculé qu'un globe quelconque, exposé au soleil, forme une ombre égale à cent dix fois son diamètre. Si ce calcul est exact, l'ombre de la terre s'étend à plus de 300,000 lieues, de sorte que la lune, qui n'en est éloignée que d'environ 85,000, doit rester éclipsée quand elle traverse la masse d'ombre. L'éclipse n'est que partielle quand la lune n'entre qu'en partie dans le cône d'ombre. Dans l'un ou l'autre cas d'immersion partielle ou totale, on voit la lumière de la lune s'affaiblir sensiblement avant le commencement de l'éclipse ; c'est qu'avant d'entrer dans le cône elle entre dans la *pénombre* dont il est entouré. Du reste, l'immersion de la lune commence toujours par son bord oriental, résultat nécessaire du mouvement d'orient en occident.

Souvent dans les éclipses on voit la lune prendre successivement plusieurs couleurs. Cet effet est produit par les vapeurs atmosphériques de notre globe, à travers lesquelles passent tous les rayons lumineux, soit directs, soit réfléchis. Ces mêmes vapeurs produisent quelquefois, par le moyen de la réfraction, un autre phénomène bien singulier. On voit la lune s'éclipser en présence même du soleil, lorsque ces deux astres se trouvent ensemble aux deux bouts de l'horizon. Pline le Naturaliste avait déjà fait cette observation, qui depuis a été souvent renouvelée, comme on l'affirme dans le *Journal des savants.* Voici la raison qu'on en donne : quand ce phénomène arrive, le soleil n'est déjà plus réellement sur l'horizon, quoique son image y soit portée par la réfraction des rayons, opérée par la densité de l'atmosphère.

Les éclipses de lune totales ou partielles ont lieu pour tout l'hémisphère tourné vers cet astre ; c'est que la lune est alors privée de rayons solaires, qui seuls la rendent visible. Il n'en est pas de même des éclipses de soleil, qui, n'étant causées que par l'interposition de la lune entre le soleil et la terre, sont relatives à la position de l'observateur ; car le corps interposé, beaucoup plus petit que la terre, n'intercepte que les rayons qui le frappent, mais n'empêche pas les rayons qui ne le touchent pas de continuer à suivre leur direction. Quand l'éclipse de soleil est totale ou annulaire, on aperçoit autour du disque de la lune une espèce de cercle faiblement lumineux. On présume qu'il est causé par les rayons solaires qui s'étendent autour d'elle et vont se projeter dans l'espace. Ces rayons, n'arrivant pas à nous directement, ne peuvent fournir qu'une lumière faible et pâle, qui ne suffit point pour nous éclairer.

DES ÉTOILES ET DES PLANÈTES

Tous les astres que nous voyons suspendus sur nos têtes sont des planètes ou des étoiles fixes de diverses grandeurs. Les étoiles, de même que notre soleil, sont autant de corps lumineux, autant de soleils, vers lesquels gravitent plusieurs planètes. La réunion d'un de ces soleils et des planètes qui reçoivent de lui la lumière forme un système solaire, et l'assemblage de tous ces systèmes solaires n'est qu'un point imperceptible dans l'espace, dont les bornes nous échappent.

Faible raison humaine, humilie-toi devant cette grandeur que tu ne peux concevoir ; et, sans vouloir comprendre ce qui est au-dessus de toi, adore en silence l'Être infini en contemplant ses œuvres !

Les planètes sont des corps opaques qui réfléchissent la lumière qu'ils reçoivent du soleil, centre du système auquel elles appartiennent; elles gravitent autour de ce soleil en décrivant une ligne circulaire ou elliptique. Nous ne pouvons en apercevoir qu'un très petit nombre; celles que nous voyons appartiennent toutes à notre système solaire, où se trouve la terre que nous habitons. Le nombre des étoiles fixes est infini. Chacune d'elles brille de sa propre lumière, et autour d'elles gravitent des planètes ou corps opaques. On appelle *fixes* les étoiles qui gardent constamment entre elles la même position, la même distance, et qui ne semblent avoir entre elles aucun mouvement relatif, tel que celui des planètes et de la terre autour de notre soleil ; mais toutes ensemble sont soumises à un même mouvement général.

Les corps célestes qui gravitent autour de notre soleil, et que nous connaissons plus ou moins imparfaitement, sont les suivants : huit planètes du premier ordre : *Mercure, Vénus, la Terre, Mars, Jupiter, Saturne, Uranus* ou *Herschel*, et *Neptune* ou planète Leverrier ; vingt satellites ou lunes qui accompagnent certaines planètes, un anneau entourant Saturne, et une foule de petites planètes télescopiques ou astéroïdes dont le nombre va s'accroissant chaque année ; au mois de janvier 1875, il y en avait déjà 141. Outre ces planètes, il existe un grand nombre de comètes, dont une seule paraît bien connue.

Toute planète ou astéroïde a deux mouvements différents : l'un de rotation sur elle-même, l'autre de révolution autour du soleil, centre du système. Ce double mouvement peut être représenté par celui d'une roue qui tourne autour d'une place circulaire sans cesser de tourner sur son essieu. Le mouvement de rotation des planètes s'exécute généralement de droite à gauche, nous disons généralement, car dans les astéroïdes le mouvement paraît avoir lieu en sens contraire ou *rétrograde*.

Deux forces principales, qui se balancent, font mouvoir les planètes et les maintiennent dans leurs orbites : l'une est la force d'attraction, qui les attire vers le centre ; l'autre la force centrifuge, qui les en éloigne : de la combinaison ou résultante de ces deux forces naît un mouvement composé qui les pousse sur une ligne invariable. Tel est le fond du système newtonien, et avec lui nous expliquons bien le mouvement des planètes autour du soleil ; mais quelle est la force qui soutient dans l'espace le soleil lui-même et tant d'autres soleils désignés sous le nom d'étoiles ? Dieu seul connaît ces mystères.

On distingue aisément à simple vue les planètes des étoiles. Celles-ci nous semblent immobiles, et la lumière en sort comme par jets, ce qu'on appelle *mouvement de scintillation*. Les planètes changent de place en exécutant leur mouvement de rotation, et la lumière qui en émane est tranquille et ne scintille pas.

On a calculé la distance des planètes au centre commun ;

pour simplifier le calcul, on a pris pour base la distance de la terre (34,000,000 de lieues) qu'on suppose être comme 10, et l'on trouve que Mercure est à 4, Vénus à 7, Mars à 15, les astéroïdes ou planètes télescopiques, de 21 à 35, Jupiter à 52, Saturne à 95, Uranus à 192, et Neptune à 300. On a calculé encore que tous les corps célestes qui se meuvent dans notre système solaire, et que nous connaissons, ne forment ensemble qu'un volume égal à la six centième partie de la masse du soleil; on ajoute que le soleil pourrait communiquer sa lumière à sept cent mille planètes, et à un nombre beaucoup plus grand de comètes; qu'enfin tous ces corps pourraient se mouvoir sans aucun obstacle autour de lui, sans pouvoir jamais se rencontrer. Le résultat de ces calculs ne peut nous étonner; car la toute-puissance n'a point de bornes, et l'immensité, l'infini lui appartiennent. Ce qui nous surprend, c'est que parmi les hommes qui ont fait ces calculs il s'en trouve qui osent prêter à la matière l'intelligence et la faculté de s'organiser, ou qui font honneur au hasard de cette organisation prodigieuse.

On appelle satellites des planètes d'ordre inférieur qui accompagnent constamment d'autres planètes, c'est-à-dire qui se meuvent constamment autour d'une planète principale. Jupiter a quatre satellites, Saturne sept, Uranus huit, la Terre un seul, la Lune. Saturne, outre ses satellites, est entouré à distance d'un corps opaque consistant en deux bandes plates, larges, très minces. On suppose qu'il est destiné à réfléchir sur la planète les rayons solaires, qui sans cela n'y arriveraient que très affaiblis, à cause de la distance immense qu'ils doivent parcourir, distance qui est à celle de la terre au soleil comme 95 est à 10. L'anneau de Saturne disparaît pendant quelque temps de quinze ans en quinze ans.

Quand on observe les étoiles au télescope, leur diamètre apparent diminue; c'est qu'à travers l'instrument on ne voit que le corps lumineux dégagé des rayons qui en émanent. Dans les planètes, au contraire, la grosseur apparente est considérablement augmentée, parce que, ne faisant que réfléchir la lumière, elles sont aperçues dans toute leur surface, qui paraît d'autant plus étendue que l'instrument a plus de force.

DES COMÈTES

Les comètes se distinguent des autres corps célestes par une longue queue faiblement lumineuse qu'elles traînent constamment après elles. Comme à travers cette queue on peut fort bien voir les étoiles, on présumait autrefois qu'elle n'était pas autre chose qu'une projection des rayons lumineux empruntés du soleil, ou le produit des vapeurs qui s'élèvent de leur surface, lorsque, dans leur marche elliptique, elles s'approchent assez du soleil pour que la chaleur de cet astre fasse évaporer toutes les matières que le froid a dû condenser quand elles se trouvaient à leur *aphélie*, c'est-à-dire à leur plus grande distance du soleil. On admet aujourd'hui que les comètes sont des masses de matière extrêmement ténue, et les queues ou chevelures de ces astres se composent des matières les plus déliées, lesquelles, à cause de leur peu de densité, ne peuvent suivre le mouvement de translation de l'astre dans l'espace, et s'allongent derrière lui en une immense traînée dont la longueur atteint parfois quatre-vingts millions de kilomètres. On supposait anciennement que les comètes n'étaient que de simples météores engendrés dans notre atmosphère; Tycho-Brahé combattit le premier cette erreur en observant la comète de 1585, et fit revivre une idée de Sénèque, qui avait rangé les comètes au nombre des planètes de notre système solaire.

On s'est demandé si les comètes avaient une lumière propre, ou si elles la recevaient entièrement du soleil. Ce qui prouve que la lumière leur est transmise, c'est que leur queue augmente à mesure qu'elles avancent vers leur *périphélie* (point opposé à l'*aphélie*). Leur masse est d'ailleurs très petite; peut-être même le noyau des comètes n'est-il qu'apparent, et ne se forme-t-il que de vapeurs condensées. Le nombre des comètes est fort grand, et l'on en a observé une centaine; toutefois il n'y en a guère qu'une seule qui soit bien connue : c'est celle de Halley, laquelle tourne autour du soleil en soixante-quinze ans huit mois, passe dans sa périphélie entre Vénus et Mercure, et se transporte dans son aphélie à une distance trente-cinq fois plus grande que celle où se trouve Uranus; et nous avons dit que la distance d'Uranus au soleil est relativement à celle de la terre dans la proportion de 192 à 10, ce qui signifie dix-huit ou dix-neuf fois plus grande; d'où il résulte que cette comète dans son immense orbite parcourt plusieurs milliards de lieues. Elle parut en 1759; elle reparaîtra en 1910.

L'apparition d'une comète était autrefois regardée comme le présage des plus grands malheurs. On craignait que, dans leur course rapide, presque vagabonde, elles ne vinssent se heurter contre notre globe, le briser ou le couvrir de leurs propres débris. Un tel événement est très peu probable; car on n'a jamais remarqué dans l'économie générale de l'univers de dérangement causé par une comète. On a vu celle de 1770 passer entre Jupiter et ses satellites, et il n'en est rien résulté. On peut ajouter que, à raison de la faible densité de ces astres, la rencontre d'une comète et d'un corps céleste ne donnerait lieu à aucune catastrophe; d'ailleurs, comme tous les astres, les comètes ont reçu l'impulsion de la main du Créateur, il les a lancées sur la route qu'il leur a tracée, et il ne leur est pas permis de s'en écarter. La périodicité du retour prévu de celles qui ont été observées prouve suffisamment qu'elles ont une marche régulière et constante.

DE LA DISTANCE DES ÉTOILES

On a cherché plusieurs fois à calculer la distance des étoiles fixes à la terre, et l'on n'a pu y parvenir, parce que toutes les bases de comparaison ou de proportion ont manqué ou qu'elles se sont trouvées insuffisantes. Ce qu'on peut dire de moins incertain, c'est que cette distance excède cinq milliards de fois la longueur d'un rayon terrestre, qui est de quinze cents lieues, ce qui donne un résultat de six à sept mille milliards de lieues; et cette énorme distance, qu'est-elle dans l'espace? Dieu seul le sait. On partait du principe que la grosseur apparente des objets diminue en raison de leur éloignement, et qu'ils cessent même d'être aperçus à une distance de trois mille quatre cent trente-six fois leur diamètre. On avait pris de plus pour base de l'opération le grand diamètre de l'orbite de la terre, lequel est de soixante-huit millions de lieues; mais tous les procédés ont échoué, et l'on n'a pu obtenir aucun résultat.

DE LA VOIE LACTÉE

La voie lactée, qu'on nomme vulgairement chemin de la Vierge, chemin de saint Jacques, cercle de Junon, etc., est une large bande blanchâtre, lumineuse, faisant le tour du ciel comme une ceinture. Le télescope y a fait découvrir une multitude d'étoiles imperceptibles à l'œil simple. Il est à présumer que c'est la réunion de tous ces astres qui produit la couleur de la voie lactée. Peut-être chacun d'eux a-t-il encore autour de lui des planètes qui reçoivent et réfléchissent les rayons lumineux, et ces rayons réfléchis, venant à se mêler et à se confondre, forment une masse de lumière qui, vue de la terre, c'est-à-dire à une distance incommensurable, se montre sous l'apparence d'une lueur blanchâtre, telle à peu près que celle qui est produite par le reflet des rayons affaiblis de la lune. En dehors de la voie lactée, on remarque de petites taches blanches qui ont vraisemblablement la même cause. On leur donne le nom d'étoiles nébuleuses.

LA TERRE

Nous devons considérer la terre sous un double rapport, comme corps céleste et comme corps physique. Dans le premier cas, elle a le troisième rang parmi les planètes, eu égard à leur proximité du soleil; dans le second, elle est le théâtre sur lequel l'Être des êtres a déployé toutes les merveilles de la création.

DE LA TERRE CONSIDÉRÉE COMME PLANÈTE

Il paraît que le premier qui soupçonna le mouvement de la rotation de la terre et sa forme sphérique fut Anaximandre, disciple de Thalès. Celui-ci avait deviné l'obliquité de l'écliptique, et la théorie des solstices et des équinoxes. Anaximandre supposa que la terre était suspendue au milieu de l'univers, et mise en mouvement par une impulsion propre qui la faisait tourner sur elle-même.

Anaxagore recueillit ces doctrines de la bouche d'Anaximène, disciple d'Anaximandre; mais, peu satisfait de ce qu'il avait appris de son maître, il se rendit en Égypte, où il acquit des idées nouvelles. De retour à Athènes, il ouvrit la première école de philosophie. Il eut pour disciples Périclès, Euripide, Archélaüs, et même Socrate. Son système du monde mérite d'être connu; car, bien qu'erroné, il ouvrit à la science une carrière nouvelle, que nul jusqu'à lui n'avait parcourue.

« Après la création, dit-il, la matière, agitée par l'esprit, fut forcée de tourner sur elle-même; par l'effet de ce mouvement, les matières les plus pesantes se réunirent au centre; les plus légères furent rejetées vers divers points de la circonférence. Entre ces matières légères, telles que le feu et l'éther[1], et les matières pesantes dont la terre s'est formée, se trouvent celles dont la gravité est moyenne, telles que l'air et l'eau. Quelques portions de la terre lancées dans le vague par la continuité du mouvement de rotation, et embrasées en passant par le feu, formèrent le soleil et les étoiles, qui, toujours soumis au mouvement qui les emporta, continuent de tourner autour de la terre. Le soleil est un corps incandescent, aussi grand que le Péloponèse, repoussé constamment du nord au midi et du midi au nord par les masses d'air accumulées aux pôles, et qu'il comprime en s'approchant, jusqu'au moment où l'excès

[1] Fluide invisible, subtil, admis par les anciens philosophes comme le milieu dans lequel roulent les étoiles et les comètes.

de compression leur rend leur élasticité naturelle. La lune est un corps opaque, éclairé par le soleil et habité. » Quant aux causes de la pluie, des vents, des orages, de la formation du son, etc., ses idées diffèrent peu de celles des physiciens modernes; mais lorsqu'il entreprend d'expliquer l'infinie variété des corps existants, il se perd dans les hypothèses les plus étranges. Il suppose un nombre infini d'amas ou de groupes de parties élémentaires qui ne contiennent chacune que des atomes de même nature. Il appelle ces groupes *homœoméries*, mot composé de deux mots grecs qui signifient *parties pareilles*. Ces homœoméries, distribuées en de certaines proportions, ont formé tous les corps.

Ce système indiquait dans son auteur une imagination féconde.

Eudoxe et Hipparque adoptèrent le fond de ce système, tout en lui donnant de nouveaux développements. Ils entourèrent la terre d'une triple atmosphère : l'air respirable, la région des nuées, et l'air supérieur. Ils mirent par-dessus tout le feu élémentaire, chaud et lumineux. Ils supposèrent que les planètes étaient sphériques, diaphanes, renfermées les unes dans les autres, et qu'elles formaient autant de cieux. Quant aux étoiles, ils disaient qu'elles étaient attachées au firmament, qu'ils regardaient comme une voûte immense concentrique à la terre, entraînant avec elle, dans son mouvement de rotation, tous les cieux inférieurs d'orient en occident.

Le système d'Hipparque trouva beaucoup de partisans. Ptolémée d'Alexandrie se l'appropria; seulement aux huit cieux d'Hipparque il ajouta un neuvième ciel, première cause de tout le mouvement. Cependant tous les astronomes ne partagèrent pas les opinions de Ptolémée. Philolaüs, suivi par Aristarque de Samos, Nicétas de Syracuse et quelques autres, se méfia du témoignage de ses sens, et il prétendit que le soleil occupe le centre de l'univers; que les planètes gravitent sur cet astre par des orbites elliptiques, et que ces orbites coupent l'écliptique en des points différents, ce qui n'a pas lieu pour la terre, dont l'orbite ne sort pas des limites de l'écliptique. La lune est, suivant lui, le satellite de la terre, et tourne avec elle.

Mais peu d'hommes sont capables, comme Philolaüs, de rejeter le témoignage des sens, pour embrasser le système qui les accuse d'erreurs. Celui d'Hipparque, soutenu par Ptolémée, prévalut sans contradiction; mais comme les neuf cieux de Ptolémée ne pouvaient expliquer certaines difficultés, telles que la précession des équinoxes et le mouvement de trépidation ou libration de certains corps célestes, les astronomes du moyen âge ajoutèrent aux neuf cieux de Ptolémée deux autres cieux supérieurs, qu'ils désignèrent par les noms de premier et de second cristallin, et qu'ils indiquèrent comme premiers moteurs.

Le système de Ptolémée fut adopté dans toute l'Europe, et il subsista sans opposition jusqu'au XVIe siècle. Copernic osa s'élever contre l'opinion générale; et, convaincu du double mouvement de la terre, il fit revivre les doctrines de Philolaüs et d'Aristarque. Les savants se partagèrent; Copernic trouva des contradicteurs. Tycho-Brahé, astronome danois, entreprit d'accorder les deux systèmes, et il en imagina un qui ne fut adopté par personne. Il supposait la terre immobile au centre de l'univers, le soleil et la lune tournant autour d'elle, et les autres planètes tournant autour du soleil. Cette complication du mouvement dans les corps célestes était impossible à concevoir et à expliquer.

L'Allemand Képler démontra l'erreur de Tycho-Brahé, et Galilée de Florence, ayant introduit dans l'étude de l'astronomie l'usage du télescope, appuya par des faits les observations de Képler et de Copernic. Cassini, Huyghens, Gassendi, ajoutèrent de nouvelles observations à celles de Galilée, et le système de Copernic s'établit alors sans contestation avec quelques modifications légères.

Vers le même temps, Descartes fit paraître son système des tourbillons. Suivant lui, chaque étoile fixe, chaque soleil est le centre d'un tourbillon qui se compose de couches de matière subtile et qui tournent sans cesse; les planètes et leurs satellites ont des tourbillons particuliers. Ce fut par ces tourbillons que Descartes et ces disciples prétendirent expliquer tout le mécanisme des cieux et de la terre. Newton ruina ce système en démontrant la loi générale de l'attraction et celle de la répulsion ou force centrifuge. Ces deux lois importantes, combinant leurs effets, produisent le mouvement des corps célestes, et les maintiennent dans un perpétuel équilibre.

L'illustre Laplace a donné une dernière forme au système du monde en admettant, comme point de départ, l'hypothèse de Copernic et la loi de la gravitation universelle. Nous allons exposer en peu de mots cette admirable conception, qui a cours aujourd'hui dans la science.

Dans la grandiose hypothèse de l'illustre géomètre français, notre système planétaire n'aurait été à l'origine qu'une nébuleuse, c'est-à-dire un amas immense de vapeurs cosmiques, dont les limites se seraient étendues bien au delà des orbites actuelles de nos planètes, et qui se serait successivement condensé à travers les âges. Le noyau solaire qui s'y forme n'est qu'une masse gazeuse animée d'un mouvement de rotation sur elle-même, qu'elle partage avec une immense atmosphère. Par le refroidissement général du système, cette atmosphère abandonne successivement, dans le plan de son équateur, c'est-à-dire au point de la plus grande vitesse de rotation, des zones lenticulaires d'où naissent les planètes, par l'agglomération en un seul bloc de cette matière abandonnée. Quelquefois ces zones conservent la forme circulaire, comme les anneaux de Saturne nous en montrent des exemples. Le plus souvent elles se séparent en plusieurs parties. Les fragments peuvent rester désunis, comme nous le voyons dans le monde des petites planètes télescopiques, au nombre de cent quarante et une, situées entre Mars et Jupiter; ils peuvent aussi, et c'est le cas le plus fréquent, se réunir en une seule agglomération. Tous ces corps ont des volumes décroisssants, les plus éloignés du soleil représentant une zone lenticulaire plus étendue et par conséquent une masse plus considérable.

Les planètes ainsi formées sont à l'origine des masses gazeuses qui continuent à tourner autour du soleil, en vertu du mouvement auquel elles participaient primitivement; elles tournent aussi sur elles-mêmes, parce que, dans l'anneau originel, les molécules les plus éloignées du centre solaire avaient une plus grande vitesse que les autres. Par cette rotation, chacune d'elles prend la forme d'un sphéroïde aplati aux

Paysage terrestre.

pôles, et bientôt, dans chacun de ces petits mondes, recommence le phénomène expliqué tout à l'heure : l'atmosphère planétaire abandonne à son tour des anneaux d'où naissent les satellites. Les noyaux des planètes, ceux des satellites, se solidifient par leur surface; les atmosphères se resserrent contre leurs noyaux, et l'immense étendue que remplissait d'abord la nébuleuse n'est plus occupée que par quelques globes célestes qui se meuvent régulièrement autour de leur centre commun. Telle est la théorie imaginée par l'auteur de la *Mécanique céleste* pour expliquer notre système du monde.

Selon Laplace, notre globe s'est donc détaché de cette façon de la nébuleuse solaire. Au moment de sa rupture avec l'atmosphère solaire, il était à l'état incandescent, et toutes les matières solides qui constituent aujourd'hui la terre, les métaux, les chlorures métalliques, alcalins et terreux, le soufre, les sulfures et même les rochers à base de silice, d'alumine et de chaux, existaient sous forme de vapeurs dans cette atmosphère. Toutes ces matières étaient sans doute rangées dans leur ordre de densité, les plus lourdes étant plus rapprochées du noyau central. A mesure que le globe se refroidissait en traversant les espaces planétaires, dont la température glaciale ne peut pas être évaluée à moins de cent degrés au-dessous de zéro, les minéraux les plus pesants se précipitèrent et formèrent une couche pâteuse à la surface du globe. La masse liquide intérieure, obéissant à un mouvement de flux et de reflux, déchira en maints endroits cette frêle enveloppe, dont les fragments flottèrent à la surface, tout comme on voit les roches fondues flotter au-dessus d'un bain métallique en fusion. Ces fragments finirent par se souder, et le globe fut ainsi enveloppé sur tout son pourtour sphérique d'une voûte solide, trop souvent disloquée et brisée.

La théorie de Laplace n'exclut point l'intervention d'un Dieu créateur, qui à l'origine aurait fait sortir du néant toute la matière cosmique répandue dans l'immensité de l'univers, et aurait assigné ces grandes lois de la gravitation universelle auxquelles elle obéit, et dont l'auteur de la *Mécanique céleste* nous a donné une exposition si savante et si raisonnée. Cette théorie, qui se concilie si heureusement avec la religion et avec la science, est bien éloignée de cette grossière théorie matérialiste, dont Leucippe, Démocrite et Épicure sont les pères, laquelle ne veut voir dans le monde que la matière éternelle régie par le hasard. La matière, suivant ces philosophes, ne serait qu'une réunion fortuite des atomes qui, possédant la faculté de se mouvoir, et venant à se rencontrer, se portèrent par hasard au même lieu et formèrent le chaos, les parties les plus lourdes se précipitant vers la terre, et les parties subtiles s'élevant dans les cieux pour constituer les astres.

Le poète Lucrèce a revêtu les idées d'Épicure des formes séduisantes de la poésie; mais il est curieux de voir dans quel abîme d'absurdités il s'est plongé lorsqu'il a voulu s'approprier cette doctrine matérialiste. « Le monde est nouveau, dit-il, tout le prouve; mais la matière dont il se compose est éternelle. Il y a toujours eu une immense quantité d'atomes ou corpuscules durs, crochus, carrés, longs et de toutes les figures, tous invisibles, tous en mouvement et faisant effort pour avancer, tous avançant et traversant le vide. S'ils avaient suivi constamment la même route, il n'y aurait pas eu réunion, et le monde ne serait pas; mais quelques-uns prirent une direction oblique, ce qui fit que plusieurs se pressèrent les uns contre les autres et s'accrochèrent ensemble. De là se sont formées diverses masses, le ciel, le soleil et la terre, l'homme, l'intelligence et même la liberté (morale). » Ainsi les atomes matériels ont produit en se réunissant la faculté de concevoir et celle de vouloir, choses assurément immatérielles. La matière produisant l'esprit! O faible raison humaine! dans quels égarements ne tombe-t-elle pas lorsqu'elle est abandonnée à elle-même? Ce n'est pas tout; le poète continue :

« Rien ne s'est fait avec dessein; les jambes n'ont pas été données à l'homme pour qu'il pût transporter son corps d'un lieu à un autre; ses doigts n'ont pas été pourvus d'articulations pour qu'il pût mieux saisir ce qui lui était nécessaire; sa bouche n'a pas été garnie de dents pour lui donner plus de facilité à broyer ses aliments; ses yeux n'ont pas été artistement attachés à des muscles souples et mobiles afin qu'ils pussent se tourner promptement de tous côtés ; ne croyez pas surtout qu'il ait reçu les yeux pour voir ; mais il fait usage de ce qu'il trouve en lui. *Sed quod natum est, id procreat usum.* » Ainsi tout s'est fait par hasard, tout se continue encore par hasard ; les espèces se perpétuent par hasard ; ce sera par hasard aussi que tout s'anéantira. En vérité, il n'est pas possible de réunir en moins de mots plus d'extravagantes erreurs. Si on ne les lisait pas textuellement dans le poème *de Natura rerum*, on ne croirait pas possible que leur auteur les eût écrites, sérieusement du moins.

DE LA TERRE CONSIDÉRÉE COMME CORPS PHYSIQUE

Considéré comme corps physique, le globe se compose de terre et d'eau ; l'eau en occupe plus des deux tiers, même sans y comprendre les fleuves, les lacs et les mers intérieures ; la terre est une masse de matière solide consistant en couches superposées, en roches et en montagnes.

On avait toujours soupçonné que la terre est ronde ; c'est la forme apparente de tous les corps célestes. L'horizon qui fuit toujours devant nous à mesure que nous avançons ; les objets nouveaux que nous découvrons successivement ; la manière même dont nous les apercevons, d'abord par leur cime, et plus tard par la base ; l'opération qui a lieu derrière nous en sens inverse, pour les objets dont nous nous éloignons et que nous cessons de voir par le pied avant que leur tête ait disparu à nos yeux ; le même phénomène qu'on observe du rivage lorsqu'on voit un vaisseau gagner le large, ou de la haute mer s'approcher de la terre : tout concourait pour démontrer la courbure constante de la surface du globe, laquelle néanmoins n'est sensible pour nous que lorsque la distance entre l'objet et nous est assez grande pour que la forme convexe puisse se développer.

Les voyages autour du monde entrepris depuis le XVIe siècle, et surtout les observations astronomiques faites à Paris et à

2*

Londres, ont démontré que la terre est un sphéroïde très légèrement aplati vers les pôles et un peu renflé vers l'équateur. Les inégalités que nous voyons à la surface de la terre, collines, vallons, montagnes, ne nuisent pas à sa rondeur: car, relativement à la grandeur du globe, les plus hautes montagnes sont moins élevées que les aspérités de l'écorce d'une orange ne le sont comparativement au volume de cette orange.

Quand on examine avec soin les divers terrains qui composent l'écorce du globe, on ne tarde pas à constater entre eux des différences profondes.

Les uns n'offrent aucune trace de disposition en lits parallèles, ou, comme on dit, de stratification, et se présentent en masses confuses dans lesquelles il est impossible de distinguer des couches superposées; la texture en est cristalline; on dirait que ces terrains sont apparus à l'état pâteux, comme une matière fondue, et se sont épanchés sur les autres ou ont été injectés violemment dans des fissures; enfin, circonstance remarquable, on n'y rencontre jamais de débris d'animaux ou de végétaux fossiles. On suppose avec raison que ces terrains ne sont que des roches liquéfiées par l'action d'un feu violent, et on leur donne le nom de terrains *cristallisés*, en raison de leur nature, ou de terrains *ignés* ou *plutoniques*, en raison de leur origine. On les appelait autrefois *primitifs*, parce qu'on les supposait antérieurs à tous les autres; et il est bien certain que la première croûte qui, dans l'hypothèse de Laplace, se solidifia à la surface du bain métallique formant le noyau de notre planète, dut être de la même nature, mais comme on trouve ces mêmes terrains injectés à travers des terrains plus récents, on a abandonné cette appellation inexacte. Le granit est le type le plus commun et le plus connu des terrains cristallisés ou plutoniques.

D'autres terrains, au contraire, sont disposés en couches parallèles, comme si, dissous ou délayés dans l'eau, ils s'étaient déposés par voie de précipitation mécanique. On y rencontre fréquemment des débris pétrifiés de corps organisés, coquilles, poissons, ossements, végétaux, etc. A les voir, on ne tarde pas à se convaincre que ce sont d'anciens fonds de mer desséchés. Ces terrains ont reçu le nom de *sédi-*

mentaires, d'origine *aqueuse* ou *neptunienne*, et on les divise en deux vastes groupes, le groupe secondaire et le groupe tertiaire, suivant leur âge relatif. Les roches calcaires qui constituent la majeure partie des matériaux employés à la construction de nos maisons sont des roches sédimentaires ou neptuniennes.

Entre les terrains cristallisés et les terrains sédimentaires, on remarque une troisième classe de terrains qui semblent tenir les uns des autres. Ils sont disposés en couches parallèles et ils renferment des fossiles; mais en même temps ils ont subi dans leur texture une modification d'un caractère cristallin. Ce sont, en réalité, des roches sédimentaires ayant éprouvé par l'action du feu central, ou, pour mieux dire, par le contact des roches plutoniques en fusion, un commencement de fusion et de cristallisation. On les appelait autrefois terrains *intermédiaires* ou de *transition*, parce qu'ils semblaient faire le passage des terrains primitifs aux terrains secondaires; on les nomme aujourd'hui roches *métamorphiques*, pour exprimer que ce sont des roches aqueuses altérées par des roches ignées. Les ardoises et les marbres nous en offrent le type le plus caractéristique.

Ces trois grandes classes de roches se subdivisent elles-mêmes en un certain nombre de terrains distingués entre eux par leur nature minéralogique, par leur position relative, et surtout, s'il s'agit de couches sédimentaires, par les débris fossiles qu'on y rencontre; chaque étage présente une *faune* ou une *flore* qui lui sont propres, et qui ne permettent pas de les confondre avec aucun autre.

C'est surtout dans les montagnes qu'il est facile d'étudier les diverses couches qui constituent la croûte du globe. La Providence, au lieu de nous donner la tâche de déchirer péniblement cette croûte pour en extraire les richesses, semble avoir amené successivement à notre portée tous les terrains, avec les matériaux et les métaux qu'ils renferment, dans ces grandes élévations qui forment le relief de la terre. On a longtemps discuté sur l'origine des montagnes. On sait aujourd'hui, par des observations précises, que ces masses, primitivement horizontales, ont été redressées et soulevées par l'action du feu central. Il est impossible d'en douter quand on considère ces couches avec un peu d'attention. On sait que toutes les couches formées par voie de dépôt au fond des eaux affectent constamment une disposition horizontale; tous les débris charriés par les eaux se déposent aussi horizontalement. Si donc on rencontre des couches sédimentaires fortement inclinées et presque redressées, où les galets et les coquilles fossiles, contrairement aux lois de la pesanteur, participent à ce mouvement, il sera naturel de penser que ces couches ont été soulevées par quelque force intérieure qui est venue troubler après coup l'harmonie de leur situation primitive. Les exemples de ces redressements abondent dans le voisinage et sur le flanc de toutes les montagnes.

Si l'on remarque, au-dessus d'une couche redressée, une couche horizontale, il devient évident que la montagne a été soulevée entre le dépôt de ces deux étages. En appliquant cette considération à l'étude de toutes les montagnes, l'illustre géologue Élie de Beaumont est parvenu à classer chronologiquement l'apparition de toutes les chaînes.

DE LA CHALEUR INTÉRIEURE DU GLOBE

ET DE SES EFFETS

On a cru pendant longtemps qu'il était possible de mesurer la température intérieure du globe par celle des sources thermales et des souterrains ; mais cette méthode n'est pas sans inconvénient; car mille causes locales peuvent élever ou abaisser la température des souterrains ou des sources, sans exercer aucune influence sur celle de la terre elle-même. Tout ce qu'on peut dire, c'est qu'à la surface du globe la chaleur augmente ou diminue en proportion de l'élévation ou de l'abaissement de la température de l'air atmosphérique. Ainsi, dans la Laponie, la température moyenne de la terre, à sa surface, est d'environ 2 degrés; elle est à Berlin de 9, à Paris de 12, au Caire de 22, au delà du tropique de 25.

Ce qu'on peut dire encore, c'est qu'abstraction faite des causes locales, la chaleur augmente en proportion de la profondeur. Plus on pénètre avant dans la terre, plus la chaleur devient sensible; ce qui est vrai non seulement pour les contrées équinoxiales et tempérées, mais encore pour les contrées voisines des pôles. Les observations thermométriques faites dans l'intérieur des mines, sous diverses latitudes, ont donné pour résultat moyen de l'augmentation progressive de la chaleur dans l'intérieur du globe un degré centésimal par 32 mètres. Si cette proportion se continue jusqu'au centre de la terre, la chaleur doit être si forte, que toute cette partie doit se trouver en état de fusion, et par suite se réduire en vapeur, qui s'irait perdre dans l'atmosphère, si elle n'était contenue par la pression des couches supérieures, pression dont l'effet est incalculable.

Il faudrait encore au surplus bien des observations pour pouvoir assigner avec précision le degré de chaleur du centre de la terre, la mesure exacte, et l'accroissement progressif depuis la surface du sol; car celles qu'on a faites jusqu'à ce jour n'ont eu lieu que dans les mines, où des causes locales peuvent empêcher les calculs d'être justes. Encore est-il douteux qu'on pût jamais parvenir à des résultats positifs; car quel homme pourra jamais se vanter de connaître l'intérieur du globe? Qui sait si la chaleur parvenue à un certain point peut augmenter encore, si la surface du globe, à laquelle on donne le nom de croûte terrestre, a, comme on l'a supposé, 20 lieues d'épaisseur? Qui connaît ce qu'elle recouvre? Les plus profondes recherches des géologues ne s'étendent pas à 1,000 ou 1,500 mètres de profondeur perpendiculaire. Toutefois il ne paraît guère possible de douter de l'intensité de la chaleur intérieure du globe; car c'est très probablement à cette chaleur qu'on doit attribuer un grand nombre de phénomènes géologiques, tels que les volcans, les tremblements de terre, les déplacements de terrains, les sources thermales, etc.

Supposons, en effet, qu'au centre de la terre toutes les substances dont elle se compose sont en état de fusion; elles tendent à se raréfier, à s'étendre, à se réduire en vapeurs.

L'effort de ces matières vaporisées pour s'élever doit être prodigieux; elles agissent contre l'obstacle qui les comprime. Si les couches qui pèsent sur elles leur offre quelque passage, elles s'y portent avec violence, et en s'élevant elles entraînent tous les corps dont la résistance est moindre que leur propre force. Si ces vapeurs embrasées rencontrent des matières combustibles, le feu se communique, et plus il s'étend, plus son action est terrible. Les prodigieux effets que l'industrie humaine a su tirer de la vapeur rendent très rationnelle la théorie que nous venons d'exposer.

Quant aux tremblements de terre, si, comme on le pense aujourd'hui, ils sont produits par des fluides élastiques tendant à se mettre en liberté, il est aisé de concevoir que l'activité de ces fluides est excitée au plus haut degré par la grande surabondance du calorique.

Pour ce qui est des eaux thermales, il en est sans doute qui ne s'échauffent que par la fermentation des substances qu'elles dissolvent, ou qui ne doivent leur chaleur qu'à des causes locales; toutes les autres ne tirent évidemment leur température que de celle des terrains qu'elles traversent. On suppose que les eaux pluviales parviennent, en s'infiltrant, à une profondeur de quatre mille mètres, et qu'elles y rencontrent une cavité où elles se réunissent; elles acquièrent par leur séjour dans cette cavité une chaleur de cent vingt à cent trente degrés, d'après la règle fournie par l'expérience, que la chaleur augmente d'un degré centésimal par 32 mètres de profondeur. Ce degré de chaleur, plus que suffisant pour les raréfier, les rend nécessairement plus légères, ce qui les force à s'élever; de sorte qu'il se forme deux courants : l'un descendant, formé par les eaux du dehors; l'autre ascendant, formé par les eaux raréfiées. Ces dernières conservent en sortant une partie de la chaleur qu'elles ont reçue dans l'intérieur de la terre.

DE L'EAU

Avant que la chimie, décomposant les corps, nous apprît à connaître leur nature, on regardait l'eau comme un élément, c'est-à-dire comme une substance simple, homogène, composée de parties de même essence, indivisibles et inaltérables. Il est prouvé aujourd'hui que l'eau se compose de deux substances intimement unies, mais susceptibles d'être séparées par divers procédés. Ces deux substances sont l'oxygène et l'hydrogène; elles se trouvent combinées dans la proportion suivante : 11 d'hydrogène et 89 d'oxygène sur 100. L'oxygène est le principe générateur des acides. Quant à l'hydrogène, c'est un gaz très inflammable; mais il ne brûle que lorsqu'il est en contact avec l'air atmosphérique.

L'eau nous est presque aussi nécessaire que l'air, sans elle il n'y aurait point de végétation. Nous la voyons sur la terre sous forme de liquide, de vapeur et de glace.

L'eau, quand elle est pure, est un fluide transparent, sans couleur, sans odeur ni saveur, très peu élastique, très peu compressive, adhérant à la surface des corps, en dissolvant un grand nombre, éteignant les corps enflammés. Si elle a de l'opacité, de la couleur, de l'odeur, c'est qu'elle se trouve mêlée à des substances étrangères qu'elle tient en dissolution. La fluidité de l'eau est causée par le calorique, qui entretient la mobilité de ses parties et leur donne la facilité de céder à leur propre poids. Par l'absence du calorique, ces parties deviennent adhérentes entre elles, leur mobilité cesse, elles constituent un corps solide connu sous le nom de glace.

On ne peut concevoir comment un corps tel que l'eau n'est composé que de deux gaz. Mais c'est là une de ces merveilles que nous touchons au doigt et à l'œil, et dont la cause est pour nous incompréhensible. Rien toutefois n'est plus vrai; le mélange de ces deux gaz forme l'eau, tout comme l'eau décomposée produit les deux gaz et rien de plus. Un grand nombre d'expériences ont porté jusqu'à l'évidence la démonstration de ce fait.

Un des mécanismes les plus admirables de notre globe et qui vient ajouter une preuve frappante à l'existence d'un plan de création plein de relations harmonieuses, c'est celui de la distribution des eaux à la surface de la terre. L'homme, les animaux, les plantes, le sol, éprouvent un besoin d'eau continuel; la Providence y pourvoit dans un rapport exact avec les exigences de la vie organique. L'Océan, occupant près des trois quarts de la surface terrestre, est l'immense réservoir commun, et l'atmosphère est le grand canal qui en transporte les eaux, dépouillées de leurs sels par l'évaporation, et les déverse sur toutes les régions en rosées, en pluies, en neige. De cette eau tombée à la surface du sol, une partie retourne directement aux mers; une seconde partie est enlevée dans l'atmosphère par l'évaporation; une troisième est absorbée par les corps organisés, animaux et végétaux; une quatrième enfin descend dans les couches du sol, et forme dans leurs interstices des nappes liquides plus ou moins considérables qui, perpétuellement alimentées, viennent perpétuellement rejaillir en sources nombreuses à la surface de la terre. On aura une idée de l'abondance prodigieuse de ces nappes souterraines quand ou saura, dit Arago, que la quantité moyenne d'eau pompée par les machines à vapeur des mines de Cornouailles, pendant l'année 1833, a été de près de 75 mètres cubes par minute. Ces sources, à peine épanchées de leur urne, reprennent le chemin des mers; d'abord faibles ruisseaux, bientôt rivières importantes ou fleuves majestueux, leurs eaux vont se rouler dans l'Océan et se mêler à ses ondes, puis elles remontent dans l'atmosphère et parcourent de nouveau le même cercle de phénomènes merveilleux.

L'évaporation représente un travail très considérable. Le physicien Halley a soumis à l'évaporation, par une chaleur de 25 à 28 degrés, l'eau de la mer et l'eau douce chargée d'une dissolution de sel, et il a trouvé qu'au bout de douze heures l'eau avait diminué d'à peu près l'épaisseur d'une ligne. Calculant ensuite par approximation le nombre de lieues carrées que la mer occupe, il a trouvé que l'évaporation donne chaque jour, sans compter les nuits, plus de 20 milliards de pieds cubes d'eau, quantité plus que suffisante pour alimenter tous les fleuves de la terre.

On a calculé que l'évaporation annuelle représente le travail de 80 millions de millions d'hommes. En supposant que la population du globe soit de 800 millions, et que la moitié seulement de ce nombre d'individus puisse travailler, la force employée par la nature dans la formation des nuages sera égale à 200,000 fois le travail dont l'espèce humaine tout entière est capable. Ajoutons que, dans ce prodigieux développement de force mécanique, l'opération de la nature est continue, invisible et silencieuse.

On purifie l'eau par filtration et par distillation. Ce second moyen est le plus efficace; c'est par la distillation qu'on rend potable l'eau de mer.

L'eau éteint les corps embrasés, parce qu'elle intercepte toute communication entre ces corps et l'air atmosphérique qui est indispensable à la combustion; en même temps, l'eau qui se vaporise à la surface d'un corps embrasé emprunte beaucoup de calorique pour passer à l'état de vapeur et abaisse considérablement la température de ce corps.

DE L'EAU A L'ÉTAT DE VAPEUR

L'évaporation de l'eau se produit à toute température sous toute pression atmosphérique; mais ce phénomène augmente rapidement avec la température, la sécheresse et la moindre densité de l'air atmosphérique. L'évaporation est nulle dans un air déjà saturé d'humidité, et elle arrive à son maximum dans un air parfaitement sec.

Si l'air est chaud et sec, la vapeur est invisible; mais si l'air est froid et déjà chargé d'humidité, la vapeur devient très apparente, et elle prend la forme d'un nuage grisâtre; ce qui provient de ce qu'en entrant dans cet air froid et humide la vapeur se condense.

La vapeur a une force d'expansion assez grande pour occuper un espace quatorze mille fois plus considérable que l'eau à l'état liquide; ce qui lui donne une légèreté telle, qu'elle s'élève dans l'air, malgré la résistance de ce dernier fluide à se laisser pénétrer.

Si la vapeur produite par l'eau chaude est comprimée et retenue par des obstacles qui l'empêchent de s'élever dans l'air, elle acquiert en ressort et en élasticité tout ce qu'elle aurait pris en volume si elle eût été libre. C'est là ce qui explique l'effet prodigieux de la vapeur, employée aujourd'hui comme force motrice.

DE L'EAU A L'ÉTAT DE GLACE

L'eau se refroidit à mesure qu'elle perd son calorique libre; quand elle perd son calorique combiné, elle se transforme en glace; car, bien que par lui-même le calorique combiné ou latent ne produise point de chaleur, il empêche les parties du fluide qui le renferme de se rapprocher et d'adhérer ensemble. Cette différence entre les deux sortes de calorique donne la solution de l'expérience suivante :

On place de la glace dans un vase, et l'on y plonge un thermomètre qui se fixe aussitôt à zéro, terme de la congélation; si l'on verse sur cette glace une quantité d'eau chauffée à 6° et d'un poids égal à celui de la glace, celle-ci fond, mais le thermomètre reste toujours à zéro : ce qui prouve que tout le calorique libre de l'eau chaude s'est combiné avec la glace et lui a rendu sa liquidité en passant à l'état latent. Si l'on prend pour cette expérience de la glace fondue, déjà saturée de calorique combiné, le mélange acquiert sur-le-champ une température égale à la moitié de la température de l'eau chaude; ce qui a lieu parce que la glace, redevenue liquide par l'incorporation du calorique combiné, ne reçoit plus que du calorique libre, et c'est celui-ci qui produit la chaleur.

La dureté de la glace égale et souvent excède celle du marbre. Dans les régions septentrionales, elle résiste au marteau. Dans l'hiver de 1740, on construisit à Saint-Pétersbourg un château ou palais de glace haut de 20 pieds, long de 52, large de 16. On plaça devant la porte six canons de glace, et ces canons, chargés du douzième environ de la charge ordinaire d'un canon de même calibre, lancèrent des boulets, dont l'un perça une planche de 12 pouces d'épaisseur à 60 pas de distance.

Voici un bien singulier phénomène. Il arrive souvent que de l'eau stagnante, dans un lieu où l'air est calme, ne se congèle point, quoiqu'elle soit froide à plusieurs degrés au-dessous de zéro; mais pour peu que l'eau soit agitée, elle se congèle à l'instant. Ce qui surprend le plus, c'est que le thermomètre monte dans cette eau lorsqu'elle se glace, ce qui prouve qu'en se gelant elle est devenue moins froide. Tout cela est assez difficile à expliquer. On peut penser toutefois que si la froideur de l'eau diminue quand elle passe à l'état de glace, c'est par l'effet du dégagement du calorique combiné, qui en passant à l'état de liberté produit une chaleur sensible. On conçoit plus difficilement pourquoi l'eau ne gèle pas dans l'état de repos parfait; ou, pour mieux dire, c'est encore là une de ces choses dont nous chercherions vainement la raison dans les principes reconnus par la science.

DE LA MER

La mer couvre près des trois quarts de notre globe. Dans l'hémisphère septentrional, le rapport de la terre à la mer est à peu près des quatre dixièmes; mais dans l'hémisphère méridional, près des neuf dixièmes sont occupés par les eaux.

Le lit de la mer n'est pas moins inégal que la surface de la terre; il y a des montagnes, des rochers, des plaines, des vallées, et en quelques lieux des cavités si profondes, que la sonde n'a pu les mesurer : ce qui a fait imaginer à quelques esprits exaltés ou malades que dans ces endroits le globe était percé de part en part, comme si on pouvait, en employant toutes les sondes possibles, trouver le fond d'une cavité qui, pour arriver au centre de la terre, devrait avoir 1,500 lieues de profondeur. Laplace a pensé que la profondeur moyenne de la mer est égale à la hauteur moyenne des montagnes au-dessus du niveau des eaux, c'est-à-dire d'environ 5,000 toises.

L'eau de la mer ne s'infiltre pas dans les terres, ou du moins l'infiltration ne s'étend pas bien loin, même sur les rivages sablonneux. Les mines de Cornouailles, une partie de la Hollande et même de la Russie sont au-dessous du niveau de la mer, et cependant l'eau de la mer n'y pénètre point[1].

L'existence des mines de Cornouailles au-dessous de la mer, de laquelle, en plusieurs points, elles ne sont séparées que par une mince épaisseur de deux mètres de roche, a fait concevoir le projet grandiose d'un tunnel sous la Manche pour l'établissement d'un chemin de fer sous-marin entre la France et l'Angleterre. La plus grande profondeur de la mer entre les deux rivages est de 54 mètres, et l'on se propose d'ouvrir le tunnel à 100 mètres de profondeur, de sorte qu'il ait au-dessus de son ciel 46 mètres au moins d'épaisseur de la couche de craie marneuse et verte dont est composé le sol qui relie l'Angleterre à la France sur une épaisseur de plus de 200 mètres.

La ligne choisie par les ingénieurs part de 3 kilomètres au nord de Calais, et aboutit à 4 kilomètres au sud de Douvres. La longueur de la ligne sous-marine serait de 30 kilomètres, et comme on se propose de partir de 10 kilomètres dans l'intérieur des terres, tant en France qu'en Angleterre, la ligne aurait au total 50 kilomètres de longueur. Le supplément de longueur de part et d'autre a pour objet de développer la descente nécessaire pour parvenir à une si grande profondeur.

Nous verrons peut-être l'accomplissement de ce projet gigantesque. La difficulté ne gît ni dans la longueur du tunnel ni dans la résistance de la roche, mais bien dans le danger des infiltrations. Les craies sont loin d'être imperméables ; elles sont pleines de fissures, et les ingénieurs les plus autorisés craignent beaucoup que, sous la pression d'une énorme colonne d'eau de 40 à 50 mètres, la mer ne s'introduise violemment dans les travaux et ne les noie.

La salure de l'eau est causée par les substances salines qui s'y tiennent en dissolution : la chaux, la potasse, la magnésie, la soude, le soufre, forment en se combinant plusieurs espèces de sels, et ces substances abondent dans la mer. Quant à

[1] Voyez plus bas l'article *Eaux douces dans la mer* (p. 48).

l'amertume, il est probable qu'elle est due aux sels de potasse et de soude que la mer renferme.

L'air surmarin, c'est-à-dire la couche atmosphérique qui s'applique à la surface des eaux, est toujours plus froid de deux à trois degrés que l'air continental sous la même latitude ; cela vient de ce que la mer absorbe une plus grande quantité de rayons caloriques que la terre ; et comme elle en réfléchit beaucoup moins, l'air se refroidit davantage. La température de l'eau elle-même varie par l'effet d'un grand nombre de

L'Océan.

causes : la fonte des glaces polaires, l'obliquité des rayons solaires, l'action des courants et la quantité de calorique absorbée. En général l'eau est un peu moins froide que l'air qui est en contact avec elle. Un grand nombre d'expériences ont prouvé que la chaleur diminue progressivement dans la mer, et que l'eau est plus froide au fond qu'à la surface.

Les courants de la mer sont attribués à un grand nombre de causes, la plupart hypothétiques : une impulsion extérieure, l'inégalité de la température, l'évaporation plus ou moins abondante, la pression des eaux de la surface de la mer, la fonte des glaces, et surtout la vitesse de rotation de la terre à l'équateur, vitesse qui n'est pas moindre de six lieues par minute, etc. De tous les courants qui se font sentir des navigateurs, le plus connu est celui qu'on appelle le *gulf-stream*, ou courant équatorial. Il est formé par les eaux de la mer Atlantique, poussées vers l'ouest, arrêtées par les côtes de l'Amérique, rejetées au nord-ouest, portées dans le golfe du Mexique et de là dans le canal de Bahama, avec une vitesse d'environ quatre à cinq milles par heure. Parvenu à la hauteur de Charlestown, il se dirige brusquement à l'est, rase en passant le banc de Terre-Neuve, se dirige sur les Açores, et de là vers le détroit de Gibraltar et des Canaries. Son cours change au-dessous de ces îles, et il descend vers le tropique, où il se mêle au courant qui porte sur la côte occidentale d'Afrique.

Le gulf-stream a depuis 15 jusqu'à 60 lieues de largeur. Il change souvent de direction et de force. Ce fut, dit-on, aux débris que ce courant apportait aux Açores que Christophe Colomb dut les indices d'une grande terre située à l'ouest. C'est un bras de ce même courant qui, se dirigeant au nord-est vers les côtes septentrionales de l'Europe, dépose sur les rivages de l'Islande et de la Norvège les produits de la zone torride et des Indes occidentales.

DE LA PHOSPHORESCENCE DE LA MER

La phosphorescence de la mer forme un des plus magnifiques tableaux que puisse offrir la nature. Ce sont des gerbes de lumière qui jaillissent au milieu des flots, d'immenses nappes de feu qui se déroulent et s'étendent sur les vagues, des masses lumineuses qui se montrent sous les formes les plus variées. Ce phénomène, commun à toutes les mers, se fait remarquer plus fréquemment et avec plus d'intensité sous les tropiques, quand la mer est agitée par les vents dans une nuit longue et obscure.

On a longtemps cherché la cause de cette phosphorescence; on est généralement persuadé aujourd'hui qu'elle est principalement due aux qualités phosphoriques des innombrables insectes dont la Providence a peuplé l'Océan. Ces insectes, connus sous le nom de mollusques ou de zoophytes [1], se présentent sous l'apparence de fleurs, d'arbrisseaux, d'étoiles; mais leurs formes sont si déliées, qu'elles échappent à la simple vue. A cette cause générale de phosphorescence on peut ajouter la décomposition des corps marins et la surabondance du fluide électrique mis en mouvement par les vagues.

Les mollusques des environs du Cap sont d'un blanc lustré; ils ressemblent à des paillettes d'argent, et ils répandent autour d'eux une vive lumière. De l'eau prise dans la mer a été placée dans un bocal de verre qui permettait de suivre tous les mouvements des mollusques; et on les a vus nager dans tous les sens, à plat et sur le côté, toujours parés de couleurs brillantes et diversement nuancés de rouge, de bleu, de vert, de jaune, apparentes même pendant le jour. Examinés à la clarté d'une bougie, ils paraissent d'un vert pâle relevé par des points lumineux.

COULEUR DE LA MER

La couleur apparente de la mer varie beaucoup. L'Océan, vu par réflexion, présente une teinte bleu d'outremer ou bleu d'azur vif; mais, par un temps couvert, cette teinte passe au vert sombre; le soleil couchant lui donne des nuances d'un ton pourpre et émeraude.

Une foule de circonstances locales influent sur la couleur des eaux de la mer. Si le fond de la mer est blanc, ou jaune, ou rouge, à une médiocre profondeur, la surface revêt une teinte grisâtre ou vert-pomme, ou rougeâtre. La présence des écueils est souvent annoncée par la couleur foncée des eaux qui les recouvrent.

En d'autres lieux, ce sont des animalcules ou des végétaux colorés qui donnent à la mer une teinte particulière. Les noms de *mer Rouge* ou *mer Vermeille* ne sont pas seulement des appellations géographiques, ce sont des réalités palpables. La

[1] Mot formé du grec, et signifiant *animal-plante*.

première doit sa coloration particulière à une algue microscopique, le *trychodesmium erythræum,* qui y pullule; la seconde paraît emprunter sa teinte à une multitude de petites crevettes.

Les navigateurs traversent ainsi de longues bandes colorées; ces teintes vertes, rouges, blanches ou jaunes sont dues à des crustacés microscopiques, à des zoophytes, à des méduses ou à des plantes marines. On cite surtout sous ce rapport la *mer de Sargasse* ou *mer des varechs.*

EAUX DOUCES PUISÉES DANS LA MER

L'île de Baharem, dans le golfe Persique, manque tout à fait d'eau potable; les habitants tirent de la mer même toute celle dont ils font usage. Des plongeurs exercés se rendent à la nage, ou sur des bateaux, à un demi-quart de lieue de la côte; là ils plongent, tenant à la main une jarre de terre qu'ils ne débouchent que lorsqu'ils sont arrivés au fond de la mer. Ils la remplissent de l'eau qu'ils y trouvent, douce, limpide, légère, très bonne à boire. On ne peut guère douter que ces eaux ne viennent du continent par des conduits souterrains. Il faut même qu'elles viennent de très haut, ou qu'elles jaillissent avec impétuosité pour vaincre la résistance que l'eau de mer oppose à leur sortie par sa pesanteur.

Quelque chose d'à peu près semblable se pratique aux environs de la pêcherie de perles de Manara, entre l'île de Ceylan et le continent indien. Les habitants de la côte n'ont pas d'eau douce; ils s'en procurent de la manière suivante : aussitôt que les eaux se retirent dans le reflux, ils se rendent au bord de l'Océan avec des cruches, et, s'approchant de l'eau le plus près possible, ils creusent des trous dans le sable et y plongent leurs cruches, qui se remplissent d'une assez bonne eau. On ne peut pas dire que cette eau est le produit de l'infiltration de celle de la mer; car la meilleure est celle qu'on recueille le plus près du bord, c'est-à-dire là où l'infiltration n'a pu encore avoir le temps de produire ses effets : il faut donc qu'elles viennent de l'intérieur des terres.

DES POLYPES ET DE LEURS OUVRAGES

Des eaux douces dans la mer constituent sans doute un phénomène bien remarquable; toutefois il n'y a rien dans ce fait qui puisse étonner la raison. Mais si, en nous désignant une chaîne de rochers de deux à trois cents toises d'élévation, longue de plusieurs lieues, on nous disait que cette chaîne de rochers est l'ouvrage d'une famille d'animalcules, ne penserions-nous pas qu'on veut se jouer de notre crédulité? Rien n'est plus vrai pourtant, et la plupart des rochers à fleur d'eau, qui rendent la navigation si périlleuse dans les mers qui ne sont pas encore bien connues, ne sont pas autre chose que des cellules de polypes entassées les unes sur les autres.

Les polypes sont de très petits animaux appartenant à la classe des rayonnés; de même que les poissons à coquille, ils végètent dans des espèces de ruches, et tiennent un état mixte entre les animaux et les plantes, avec lesquelles on les a longtemps confondus. Les polypiers, semblables à un mur, s'élèvent perpendiculairement du fond de la mer, et ils s'accroissent sans cesse par la superposition de couches nouvelles sur les couches déjà existantes.

Les côtes occidentales de la mer Rouge ne présentent sur une vaste étendue qu'un sol de corail tout hérissé de rochers, ouvrage des polypes. En beaucoup d'endroits on trouve des récifs, des écueils dont l'origine est la même. Mais de toutes les créations de ce genre la plus extraordinaire est la chaîne de récifs qui entoure comme une ceinture la Nouvelle-Calédonie, sur un espace de 150 lieues du sud-est au nord-ouest. On assure que la hauteur de ces rochers de corail est telle, que la sonde n'arrive pas au fond.

On trouve dans le grand Océan, à d'immenses distances des grandes îles, des bancs de corail entièrement détachés des terres voisines. Ce sont probablement des sommets de montagnes sous-marines, sur lesquelles les zoophytes se sont établis pour échafauder leurs constructions pierreuses et les amener jusqu'à la surface de la mer. Ainsi se forment peu à peu des bas-fonds contre lesquels les eaux rejettent des sables et des débris ; de là naissent des îlots qui offrent aux oiseaux de mer un sol sur lequel ils viennent attendre et dévorer leur proie. Ces oiseaux y déposent leurs œufs, y font leurs nids, y apportent des racines, des feuilles, des graines; les vents ou les flots en apportent aussi; toutes ces matières, venant à se décomposer et à se mêler avec le sable, produisent au bout de quelque temps une espèce de terreau dans lequel les graines poussent et végètent. Si des noix de coco y sont transportées par les courants et qu'elles s'y arrêtent, il en naît des arbres qui sont les plus propres au climat et qui s'accommodent de tous les terrains.

Les îles de corail offrent toutes les formes. Le capitaine Flinders, dans son *Voyage aux terres australes*, donne une description curieuse d'un récif de corail situé sur la côte sud de la Nouvelle-Galles méridionale. En naviguant près de ce récif, il aperçut au-dessous de l'eau, qui était très claire en ce lieu, comme des épis de blé, des mousserons, des coronopes, des feuilles de choux, et beaucoup d'autres formes de plantes, avec de vives teintes de vert, de pourpre, de brun et de blanc. C'étaient autant de branches de corail, ou d'espèces de mousserons sortant des fentes du rocher, parés de toutes sortes de couleurs. « Le plus riche parterre, dit le capitaine Flinders, n'offrirait pas plus de variété ni plus de richesse.

« La masse du récif se compose de coraux pétrifiés, d'un blanc mat; mais on peut y distinguer encore la forme primitive des coraux. Les côtés ou bords du récif sont très polis, surtout où la mer brise; on y remarque pourtant des cavités plus ou moins profondes qui renferment des polypes vivants, des éponges, etc.; sur la surface du roc sont attachés d'énormes pétoncles, qui aux basses eaux s'entr'ouvrent à demi; mais souvent ils se referment avec bruit, et l'eau renfermée dans leurs écailles, forcée de sortir, s'élève en jet à trois ou quatre pieds de haut. C'est à ce bruit et à ces jets d'eau qu'on les reconnaît, car autrement il serait très difficile de les distinguer de la roche de corail. »

DES PERLES

Parmi les productions marines, l'une des plus précieuses ce sont les perles. Il n'en est pas du moins à laquelle les hommes attachent plus de valeur. Les perles se composent d'une substance blanche et dure; elles sont ordinairement rondes ou sphériques, et se trouvent toutes formées entre les deux écailles d'une espèce d'huître. On ignore comment elles se produisent. Si, comme on l'a prétendu, elles n'étaient que des gouttes d'eau douce pétrifiée, on trouverait des perles partout où des gouttes d'eau pluviale pourraient se conserver exposées à l'action de la mer. Il est plus raisonnable de penser qu'elles ne sont que des portions plus ou moins considérables de la matière nacrée qui fait le fond de la valve, et que quelque accident a empêchées d'y adhérer.

Les perles ne se trouvent que dans certains parages bien connus aujourd'hui des navigateurs et des marchands. Les pêcheries les plus abondantes en belles perles sont au détroit de Manara, qui sépare l'île de Ceylan de la presqu'île de l'Inde, et à Baharem, dans le golfe Persique. On a établi depuis quelques années une pêcherie très productive dans la mer de Californie.

La mère-perle est un coquillage univalve, d'un poli parfait et d'un éclat supérieur à celui de la plus belle nacre; sa couleur est d'un bleu très vif. Les Californiens en font des bracelets et des colliers. La couleur des perles orientales est légèrement rosée; celle des perles d'Amérique tire sur le vert; dans les mers du Nord, leur couleur est gris de lin. Toutes jaunissent en vieillissant; on prétend même qu'au bout d'un siècle elles s'altèrent sensiblement, et qu'elles perdent la plus grande partie de leur valeur. Cette valeur dans les belles perles est proportionnée à leur dimension. Il n'est pas rare d'en voir dans l'Inde qui se vendent huit à dix mille francs. Hayder-Ali, sultan du Mysore, avait à son turban un double rang de perles, au nombre de soixante-dix-huit, estimées ensemble six cent mille francs.

On dit qu'à la fin du XVIIe siècle, un esclave nègre qui appartenait à un prêtre espagnol de Panama trouva une perle en forme de poire, et du poids de soixante grains. Le prêtre récompensa l'esclave en lui donnant la liberté et en pourvoyant

Mère-perle.

généreusement à sa subsistance; mais il refusa de la vendre au gouverneur de Panama, qui en offrait cinquante mille piastres. Son possesseur partit pour l'Espagne dans l'intention de l'offrir au roi. La mort le surprit en chemin, et on ne sait ce que la perle est devenue.

DES MARÉES

Quelle main puissante retient captives les eaux de l'Océan? Et quand son flux arrive rapide et menaçant, quelle voix lui a dit : Voilà les limites que tes flots ne franchiront pas? Oh! quel homme a vu l'Océan, et n'a pas reconnu l'ouvrage de Dieu? Témoins des phénomènes que la mer présente, de ces marées périodiques qui depuis tant de siècles viennent expirer sur nos rivages, les hommes ont cherché à les expliquer. Après bien des tâtonnements, ils ont attribué les marées à l'attraction de la lune et même à celle du soleil; mais, en admettant cette explication, sommes-nous beaucoup plus avancés? Oui, c'est l'attraction exercée par la lune qui produit les marées; mais qu'est-ce que cette attraction? quel en est le principe? A proprement parler, toutes nos théories, même les plus savantes, ne sont que des hypothèses avec lesquelles on explique ou l'on croit expliquer les divers phénomènes, mais qui au fond n'excluent pas la possibilité d'un autre principe que celui que l'on suppose.

Les marées consistent dans un mouvement régulier et périodique d'élévation et d'abaissement des eaux de la mer s'opérant deux fois chaque jour, d'une manière très sensible, dans les mers vastes et profondes. Pendant six heures environ les eaux montent sur le rivage; c'est ce qu'on nomme le flux. Parvenues à leur maximum de hauteur, elles restent quelques minutes en cet état. Elles commencent ensuite à descendre, ce qu'elles font pendant près de six heures encore; c'est le reflux. Après quelques minutes de repos, elles remontent pour redescendre, et ainsi successivement. Les mots de *haute mer* et de *basse mer* répondent à ceux de flux et de reflux.

Les marées ont lieu deux fois dans l'espace de vingt-quatre heures quelques minutes, temps égal à celui de la révolution apparente de la lune autour de la terre. Elles sont plus grandes dans les nouvelles lunes ou sizygies, plus petites dans les quartiers ou quadratures. Les plus fortes marées de l'année s'opèrent aux équinoxes, parce que le soleil et la lune se trouvent alors à l'équateur. Elles sont moindres aux solstices.

La coïncidence des marées avec les différentes phases de la lune, et la connexion qui semble exister entre le mouvement des eaux et le mouvement de cet astre, ont fait penser que le phénomène des marées est dû à l'influence de la lune, s'exerçant par cette force inconnue qu'on nomme attraction, et qui fait graviter les corps célestes les uns vers les autres. Ainsi on part de ce principe que, comme la lune gravite vers la terre, la terre et toutes ses parties gravitent vers la lune. Voici la conséquence qu'on en tire :

Quand la lune se trouve au-dessus de la mer, celle-ci, étant plus près de cet astre que les autres parties du globe, doit graviter vers lui avec plus de force, et par conséquent s'enfler et s'élever; mais elle ne peut s'élever dans une partie qu'il ne se forme un vide dans les parties environnantes. Lorsque ensuite la lune a changé de position, le lieu où les eaux s'élèvent change aussi de place; c'est là ce qui produit les divers mouvements de flux et de reflux.

Les marées peuvent être altérées dans leur accroissement et leur décroissement par des circonstances locales. Elles sont généralement plus fortes lorsqu'elles viennent de loin, et qu'elles sont reçues par des côtes escarpées qui les forcent à se concentrer. Sur les côtes de France elles s'élèvent jusqu'à 40 et même 45 pieds. Les plus considérables ont lieu dans le golfe de Cambaye.

DES FONTAINES ET DES FLEUVES

Le phénomène des sources a toujours attiré l'attention, et dans tous les temps on a imaginé mille hypothèses pour expliquer l'origine des eaux souterraines. Les anciens et les modernes, jusqu'au XVIIIe siècle, nous ont laissé à ce sujet les théories les plus étranges et les plus contraires aux lois de la physique. Les uns prétendent que les sources viennent de l'infiltration des eaux de la mer dans les terres; d'autres imaginent qu'elles ne sont produites que par la condensation des vapeurs souterraines; les savants de nos jours, appuyés sur l'expérience, affirment qu'elles doivent leur naissance à l'infiltration des pluies et à la fonte des neiges.

Telle est, en effet, la véritable théorie des sources. Quand l'air, saturé de vapeurs aqueuses, poussé par le vent, monte le long des flancs d'une montagne, il se dilate et se refroidit, et ne tarde pas à se changer en nuage ou en brouillard à une certaine hauteur. En s'élevant davantage, il ne peut plus conserver la quantité de vapeur d'eau dont il est saturé au début, et cette vapeur se condensant par le refroidissement, le nuage se résout en pluie ou en neige selon la température. Les chaînes de montagnes sont donc comme de véritables filets tendus dans les airs pour dépouiller les vents des vapeurs invisibles qu'ils charrient.

Ainsi tombée sur les hauteurs, l'eau s'infiltre dans le sol à travers les couches poreuses des terrains meubles superficiels qu'elle imbibe pour les besoins de la végétation. Arrivée au-dessous de cette première couche, elle continue à descendre, grâce aux fissures du sol ou à la perméabilité des terrains, et elle descend jusqu'à ce qu'elle rencontre un banc dur et compact qui ne se laisse pas pénétrer, ou un lit imperméable qui lui oppose un obstacle infranchissable.

Là commence la seconde phase de la marche souterraine des eaux : les couches imperméables qui, comme la plupart des couches de l'écorce terrestre, sont affectées d'une pente plus ou moins rapide vers un point quelconque de l'horizon, entraînent dans cette direction les eaux qu'elles ont arrêtées au passage, et ne tardent pas à les recueillir dans une sorte de vallon souterrain, où viennent converger de divers côtés toutes les eaux d'infiltration. Il se forme ainsi, à une profondeur plus ou moins considérable, une manière de petit ruisseau qui dans sa marche se grossit de divers affluents créés de la même façon. Ce cours d'eau chemine souterrainement avec une certaine vitesse, et, en entraînant des grains de sable ou les particules pierreuses qui lui offrent le moins de résistance, il se creuse un véritable canal. Enfin, quand la couche qui porte ce ruisseau invisible vient aboutir à la surface du sol en un point inférieur, l'eau s'échappe en fontaine.

Le courant intérieur, devenu extérieur, commence une troisième phase, qui s'accomplit généralement à la surface de la terre. Les sources donnent naissance aux ruisseaux qui, réunis, forment les rivières et les fleuves, et se rendent dans la mer, réceptacle universel de toutes les eaux. Là s'opère, par l'évaporation, une quatrième évolution. L'atmosphère, en raison de sa sécheresse et de sa température, enlève chaque jour une mince couche d'eau à la surface de la mer, et c'est cette eau vaporisée qui plus tard donne naissance aux pluies. Ainsi s'accomplit entre la mer, l'atmosphère et la terre, la circulation incessante des eaux et des vapeurs. Merveilleuse hydraulique qui révèle d'une manière éclatante la sagesse du Créateur.

LES SOURCES ARTÉSIENNES

En forant verticalement le sol, dans certaines localités, jusqu'à des profondeurs suffisantes, on atteint des nappes d'eau souterraines qui remontent à la surface le long du canal que la sonde leur a ouvert ; ces eaux forment souvent des jets abondants et élevés. C'est ce qu'on nomme des puits *artésiens*. Ils sont ainsi appelés du nom d'une province de France, l'Artois, où l'on paraît s'être le plus spécialement occupé de la recherche des eaux souterraines, et où la plus ancienne fontaine de ce genre fut creusée à Lillers (Pas-de-Calais), dans un couvent de chartreux, en 1126.

D'où proviennent ces sources ? Et quelle cause les fait jaillir à la surface du sol ? Nous venons de dire que les eaux pluviales, parvenues à une certaine profondeur, désagrègent peu à peu les sables au milieu desquels elles cheminent, les entraînent dans leurs cours, et se creusent ainsi un canal souterrain rempli d'un véritable ruisseau. Il se rencontre ainsi parfois de véritables canaux fermés, compris entre deux couches imperméables, et ayant leur point de départ à une certaine distance, à un niveau supérieur : or les tuyaux du trou de sonde, en se mettant en communication avec ces canaux, reçoivent les eaux de la nappe liquide, et ces eaux, grâce à la pression hydrostatique qui s'exerce sur elles au point où elles sont recueillies, montent dans le tuyau du puits artésien à une hauteur déterminée par la pression qu'elles supportent. Un puits artésien ressemble donc parfaitement à ces appareils que l'on dispose souvent pour obtenir de petits jets d'eau dans les jardins.

Les fontaines artésiennes jaillissent parfois au milieu d'immenses plaines. Il faut aller chercher l'origine des canaux souterrains sur des collines ou des montagnes situées à 50, à 100, à 200 kilomètres de distance, et même au delà. L'existence de pareils canaux est démontrée par les sources d'eau douce qui jaillissent dans la mer, fort loin des côtes.

PHÉNOMÈNES DIVERS QU'OFFRENT LES SOURCES ET LES FONTAINES

Les sources et les fontaines offrent une infinité de phénomènes curieux. On en voit qui tarissent dans la saison des chaleurs, d'autres qui sont intermittentes; on en voit qui ont la propriété de pétrifier ou plutôt de recouvrir d'une croûte pierreuse les objets qu'elles touchent; quelques-unes renferment des substances délétères; d'autres, au contraire, sont favorables à la santé. Il y en a de froides et de brûlantes; il y en a qui sont sujettes au mouvement des marais, etc. Ces diverses propriétés des sources ne leur sont pas propres; elles leur sont communiquées par les substances qu'elles entraînent et qu'elles tiennent en dissolution, ou bien elles sont dues à la nature et à la situation des lieux où elles coulent.

Si les nappes souterraines sont peu abondantes, les sources sont exposées à tarir, ou du moins à s'appauvrir, à la fin des chaleurs de l'été. Si les eaux passent à travers des roches sablonneuses ou facilement perméables, elles perdent par la filtration les corps étrangers qu'elles entraînaient, et sortent claires et limpides; un peu de carbonate de chaux en dissolution leur communique une limpidité extraordinaire, comme on peut le remarquer dans toutes les sources qui sourdent des terrains calcaires. Si, au contraire, elles traversent des terres argileuses, marneuses ou magnésifères, elles arrivent troubles, fangeuses ou blanchâtres. Enfin, si elles renferment du carbonate de chaux dissous en excès, elles le déposent, en arrivant au jour, sur les premiers corps qu'elles rencontrent, mousses, plantes aquatiques, etc., qu'elles revêtent d'une croûte pierreuse. C'est ce qu'on appelait autrefois des fontaines *pétrifiantes*, qu'il serait plus juste d'appeler *incrustantes*. On en exploite quelques-unes pour leur faire produire des incrustations curieuses : fruits, corbeilles, nids d'oiseaux, camées, etc. Les plus célèbres de ces sources à sédiments calcaires sont celles de Saint-Allyre et de Saint-Nectaire, en Auvergne.

Si les eaux sortent d'une médiocre profondeur, elles sont toujours froides; si elles arrivent d'une profondeur considérable, elles ont une chaleur très appréciable, due à l'accroissement progressif de la température à mesure que l'on descend; enfin si elles proviennent d'une région plutonique ou volcanique, elles sont souvent chaudes. Les eaux thermales, d'une température plus ou moins élevée, sourdent toutes des terrains qui doivent leur naissance à l'action du feu central, et il n'est pas douteux qu'elles ne soient en communication plus ou moins directe avec un foyer volcanique, et qu'elles ne s'échappent par une de ces nombreuses fissures à travers lesquelles la matière en fusion s'est fait jour. Dans leur trajet souterrain, elles rencontrent, à l'état de sublimation ou de dépôt, une foule de produits minéraux rejetés par les éruptions, et, grâce à leur haute température, elles les dissolvent et se chargent de ces principes minéralisateurs. Telle est l'origine des eaux minérales naturelles, que l'on divise en quatre classes, selon les substances qu'elles tiennent en dissolution : eaux salines, eaux alcalines, eaux ferrugineuses et eaux sulfureuses.

D'après leur température, on peut dire approximativement de quelle profondeur viennent les eaux thermales, la chaleur de l'écorce terrestre croissant avec la profondeur. Quelques-unes de ces sources ont une température fort élevée. M. de Humboldt a trouvé près de Valence, en Amérique, une source marquant 90 degrés centigrades; M. Boussingault, dans la même partie du monde, a observé la source de Trincheras à

97 degrés, c'est-à-dire presque bouillante. Il y a aussi, dans le pays des Mormons et dans la Nouvelle-Zélande, des lacs d'eau bouillante, d'où s'élèvent continuellement des colonnes de vapeurs d'eau.

Pour ce qui est des fontaines intermittentes, voici une des explications qu'on a données de ce phénomène. On suppose que le réservoir intérieur où les eaux se réunissent ne communique à la fontaine que par un conduit recourbé comme un siphon, et que la branche la plus courte de ce conduit est celle qui part du réservoir. Quand le réservoir est plein, l'eau qui continue d'y arriver pousse celle qui s'y trouvait, et la force de monter dans le conduit en chassant l'air qu'il renferme. Arrivée à la courbure, l'eau descend par la longue branche, et l'écoulement continue tant qu'il y a dans le réservoir assez d'eau pour que l'orifice de la courte branche en soit recouvert. Dès qu'une fois l'orifice est hors de l'eau, l'écoulement cesse, pour recommencer de la même manière quelque temps après. Cela doit avoir lieu si le conduit de décharge peut donner plus d'eau que le bassin intérieur n'en reçoit; car, dans le cas contraire, l'écoulement ne discontinue pas.

Il y a encore des fontaines à flux et à reflux : ou elles communiquent avec la mer de manière à éprouver l'impulsion des marées, ou bien ce flux et reflux n'est autre chose qu'une intermittence ordinaire.

SOURCE INCRUSTANTE DE KNARESBOROUGH

Cette source sort du pied d'une roche calcaire, à très peu de distance de la rivière Nidd. Après avoir coulé sur un terrain assez uni l'espace d'environ 60 pieds, l'eau se divise et se déploie en nappe sur le sommet d'un rocher qui s'étend en avant de 15 pieds; de là, l'eau tombe en petits filets par trente à quarante endroits, et chacun de ces filets fait entendre un tintement métallique, ce qui vient probablement de la concavité du rocher, haut de 30 pieds à peu près. En 1704, ce rocher se sépara de la masse de la montagne d'environ 9 à 10 pieds; on construisit aussitôt un conduit en maçonnerie sur l'ouverture qui s'était formée, pour le passage de l'eau. Ce conduit est tapissé de buissons et d'arbustes qui conservent leurs feuilles toute l'année.

Ces eaux analysées ont fourni une grande quantité de parties calcaires, qui se déposent successivement, et revêtent d'une écorce pierreuse les feuilles, les mousses et les objets de ce genre qu'elles rencontrent dans leur chemin. Cette source donne 80 pintes d'eau par minute. On voit sur ses bords une infinité d'objets incrustés, des mousses, des plantes, des nids d'oiseaux, quelques-uns avec leurs œufs, etc.

SOURCES BRULANTES DE WIGAN ET AUTRES

Il existe à un mille de Wigan, ville du comté de Lancastre, une source dont les eaux s'enflamment aussitôt qu'on en approche une chandelle allumée. Si l'on prend de l'eau dans un vase là où elle brûle, et qu'on la transporte à quelques pas, le feu s'éteint quoique l'eau continue à bouillir très fort; et ce qu'il y a d'extraordinaire, c'est que, si l'on y plonge la main, on n'éprouve pas de chaleur sensible. Cependant, si l'on ouvre une tranchée pour conduire un peu d'eau enflammée sur le sol voisin, qu'on la laisse couler et qu'on empêche ensuite de nouvelle eau d'y arriver, une chandelle allumée appliquée à la partie du sol sur lequel l'eau avait été conduite en fait jaillir une vive flamme. Cette eau n'a aucune odeur sensible, et il n'en sort aucune fumée indice de chaleur. Comme le canton de Wigan, dans un rayon de plusieurs milles, abonde en houille et en charbon de terre, on suppose que le phénomène est dû au gaz hydrogène carboné.

Sur la côte orientale de l'île Saint-Michel, l'une des Açores, il y a une vallée qu'entourent de hautes montagnes, et de laquelle jaillissent plusieurs sources d'eau chaude. L'une de ces sources, connue sous le nom de *la Chaudière*, réunit ses eaux dans un bassin de 30 pieds de diamètre : elles bouillonnent avec force, comme si elles éprouvaient l'action du feu. A très peu de distance et sur la berge de la rivière qui traverse la vallée, on voit une espèce de caverne remplie d'une eau épaisse et fangeuse qui bout avec beaucoup de bruit. Au milieu de la rivière même, l'eau dans plusieurs endroits est si chaude, qu'on ne peut la toucher sans se brûler. Tout le long des berges on remarque une infinité de petites ouvertures d'où sort comme un jet une vapeur brûlante. En d'autres endroits on croirait entendre le bruit de cent soufflets de forge agissant tous ensemble : ce sont des vapeurs sulfureuses qui s'échappent de tous les côtés. Les buissons qui naissent aux environs sont tout couverts de soufre. Les habitants font cuire souvent leurs aliments en exposant aux vapeurs qui sortent de terre les vases qui les renferment.

Il y a beaucoup d'autres sources dont les eaux sortent de terre brûlantes et imprégnées de soufre, de bitume ou de parties métalliques. Nous ne citerons que la source dont parlent plusieurs voyageurs, dans une des îles du Japon. Elle sort de terre en bouillonnant, et sa température est de 80° Réaumur. Elle conserve cette chaleur beaucoup plus longtemps que l'eau commune. Cette source est intermittente; elle ne coule que deux heures environ chaque jour, mais c'est avec tant de violence, que des pierres assez pesantes sont lancées de 10 à 11 pieds de hauteur, ce qui produit de fortes détonations.

LE MARAGNON, OU RIVIÈRE DES AMAZONES

Nous avons parlé de l'origine des sources; nous avons décrit quelques-unes des plus singulières. Il nous reste à parler des fleuves, et principalement des grands fleuves dont l'aspect doit, suivant nous, faire naître en l'âme un sentiment profond d'admiration pour l'auteur de la nature, si grand, si infini, si parfait dans chacune de ses œuvres, et en même temps la conviction intime de notre impuissance et de notre petitesse.

Mille écrivains ont vanté le canal du Midi, qui unit la Méditerranée à l'Océan; on a loué la grandeur de l'entreprise; ses ingénieuses écluses qui élèvent le voyageur et le font passer sur le dos des collines; ces montagnes percées que les navires traversent. On vante aujourd'hui le fameux tunnel de Londres, qui passe sous la Tamise, ouvrage d'un ingénieur français nommé Brunel. Mais que sont ces ouvrages, malgré leur magnificence, auprès des ouvrages du Créateur? Un ancien Pharaon d'Égypte voulut avoir un canal de Suez à Péluse : il aurait uni la mer Rouge à la Méditerranée; sous le règne de Ptolémée on tenta de reprendre cet ouvrage, et l'on fut obligé de l'abandonner. De nos jours, M. de Lesseps a réalisé ce magnifique travail. On a voulu aussi couper l'isthme de Panama, et cet ouvrage, qui, il faut en convenir, doit produire des résultats immenses, est à l'heure actuelle en bonne voie d'exécution; et depuis soixante siècles les fleuves apportent à la mer le tribut de leurs ondes, lui rendant ainsi ce qu'ils en ont reçu par l'évaporation! Quelle main a creusé les lits de ces fleuves, leur a tracé la ligne qu'ils doivent suivre, posé les limites qu'ils ne peuvent franchir? Qu'a-t-il fallu pour cela? Un simple acte de sa volonté. *Que cela se fasse,* a dit le Tout-Puissant, *et cela s'est fait.* N'est-ce pas le cas de dire avec l'Apôtre : « O profondeur des trésors de la sagesse et de l'omniscience de Dieu! que ses jugements sont impénétrables! que ses voies sont inconnues! »

Nous n'entreprendrons pas ici de faire la description de tous les grands fleuves qui sillonnent la terre; il faudrait pour cela plus d'un volume. Nous ne parlerons que d'un seul. Ainsi nous ne dirons rien des fleuves d'Europe : le Danube, l'Elbe, la Vistule, le Volga, le Don, le Rhin; ni des fleuves d'Asie; nous passerons sous silence le Shind ou Indus, si fameux dans l'antiquité par l'expédition d'Alexandre; le Gange, révéré des Indous; l'Hoang-ho, qui arrose la Chine. Nous nous tairons de même sur les fleuves d'Afrique, sur le Zaïre, la Gambie, le Sénégal; sur le Niger, dont le cours inconnu a donné lieu à tant de conjectures, de recherches et d'explorations; sur le Nil, ce fameux fleuve dont les anciens ne purent ni connaître les sources ni expliquer les débordements périodiques, cause de la fertilité de l'Égypte. Nous n'entretiendrons pas même nos lecteurs de tous les fleuves de l'Amérique, du Saint-Laurent, de l'Ohio, du Mississipi, nom qui, dans la langue des naturels, signifie *le père des eaux;* du Rio de la Plata, du Paraguay, fameux par ses missions, qui avaient porté la civilisation parmi les sauvages avec la connaissance du vrai Dieu. Nous nous bornerons à décrire la rivière des Amazones, ou le Maragnon.

L'Amazone est le roi des fleuves; un cours de 1,100 à 1,200 lieues, une lieue de largeur commune sur la moitié au moins de son cours, une profondeur moyenne de 40 à 50 brasses, une embouchure de 14 à 15 lieues : tels sont les titres de ce géant des eaux. Des plus superbes fleuves de l'Asie à la rivière des Amazones, il y a aussi loin que de la Seine au Gange, que des humbles ruisseaux de la Troade et de la Grèce, si pompeusement décrits par les poètes, à la Seine grossie de tous les tributs de l'hiver.

En 1437, l'Espagnol Orellana suivit une partie de son cours, et, s'il faut l'en croire, il vit sur la rive gauche du fleuve des femmes armées d'arcs et de flèches : ce qui valut au fleuve le nom qu'il porte. Cent ans après, des missionnaires, envoyés par le vice-roi du Pérou, et après eux plusieurs voyageurs, dans la première moitié du XVIIIe siècle, ont confirmé en grande partie les récits d'Orellana. M. de la Condamine, envoyé au Pérou par le gouvernement français pour des observations astronomiques, descendit l'Amazone jusqu'à son embouchure; l'Anglais Maw, qui a fait le même voyage en 1828, a reconnu la vérité de tout ce que le savant français avait annoncé.

L'Ucayali et le Toungouragua, qui prennent leur source dans les Andes et se joignent vers le 4° 65' de latitude S., et le 76° 5' de longitude O., sont les deux sources du fleuve, qui reçoit à ce point seulement le nom de Maragnon. Là les eaux prennent une direction nouvelle, et s'avancent à l'est, tantôt s'éloignant, tantôt se rapprochant de la ligne équinoxiale, sous laquelle elles se trouvent à leur entrée dans l'Océan. Avant d'y arriver, l'Amazone reçoit plus de 200 rivières, dont un grand nombre excèdent en largeur et en profondeur les plus grands fleuves de l'Europe, sans parler d'une infinité de petites rivières. Parmi les affluents de la rive droite, on doit distinguer la Madeira (mot portugais qui signifie bois). Ce fleuve, qui a plus de 500 lieues de cours, traverse d'immenses forêts, et dans ses crues il déracine et entraîne des arbres énormes. Sur sa rive gauche l'Amazone a de nombreux tributaires, dont le plus considérable est le Rio-Negro (rivière noire), qui y décharge ses eaux bourbeuses vers le 92° 30' de longitude O. Une branche du Rio-Negro remonte au nord, et va se jeter dans l'Orénoque, établissant ainsi une communication facile entre ces deux grands fleuves. Ce canal de jonction, formé par la nature, est appelé Cassiquiare. Plusieurs voyageurs en avaient soupçonné l'existence; mais aucun avant M. de Humboldt n'avait eu la certitude qui naît de l'expérience. Ce dernier s'est embarqué sur l'Orénoque en 1799, et entrant, sans jamais prendre terre, dans la branche du Rio-Negro dite Cassiquiare, il est parvenu aux rives du Maragnon.

Le cours de l'Amazone, depuis sa jonction avec le Rio-Negro, est d'environ 320 lieues; des sources de l'Ucayali ou Bené jusqu'à ce point, il est de 850 : en tout 1,170. Sa largeur et sa profondeur sont proportionnées à cette longueur immense. Sa largeur varie d'une grande demi-lieue à une lieue et demie, suivant que les eaux coulent resserrées dans un lit de rochers ou qu'elles peuvent s'étendre librement. Quant à sa profondeur, elle est en quelques lieux de 80 et même de 100 brasses, s'il faut en croire Malte-Brun; mais il paraît certain que, sur une longueur de 500 à 600 lieues, la sonde donne constamment de 30 à 40 brasses.

Quand les eaux sont encaissées dans un lit très étroit, elles gagnent en vitesse ce que leur surface perd en étendue, et le courant acquiert une force extraordinaire. Ces espèces de détroits portent dans le pays le nom de *pongos;* le plus remarquable est celui de Manzaniche. Le fleuve coule pendant plus de trois lieues dans un canal étroit, formé par des rochers taillés à pic; la vitesse du courant est telle, que les bateaux entraînés par la violence franchissent l'intervalle dans un quart d'heure, ce qui nous semble exagéré.

A commencer du point où le Tinga se joint au Maragnon, la largeur du fleuve devient si considérable, que d'une rive on ne peut apercevoir l'autre. L'île de Majora, peu éloignée de ce point, force le fleuve à se diviser en deux bras. Celui de gauche se porte un peu au nord, et se rend à l'Océan par un large canal de 8 lieues. L'autre branche descend vers le sud, et, après avoir reçu d'autres rivières, aboutit à la mer par un canal de 6 à 7 lieues.

L'effet du flux et du reflux se fait sentir dans la Maragnon à 150 et même 200 lieues de son embouchure. D'un autre côté, plusieurs marins prétendent avoir reconnu de 50 à 60 lieues en mer qu'ils entraient dans les eaux du fleuve. Ils disent qu'on se sent repoussé lorsqu'on veut s'avancer vers la côte, et que d'ailleurs les eaux de la mer ont moins de salure et d'amertume.

Au moment des syzygies et des grandes marées, un phénomène singulier s'opère. Au lieu d'employer six heures à monter, la marée, en quelques minutes, acquiert de 40 à 45 pieds de hauteur. Le flot s'annonce par un bruit effrayant; au bruit succède une lame d'eau de 15 pieds de hauteur; cette lame est presque immédiatement suivie d'une seconde et d'une troisième, quelquefois même d'une quatrième. Toutes ces lames s'avancent dans le lit du fleuve avec une rapidité que l'œil suit à peine; elles emportent tout ce qui se trouve sur leur passage. Les navires qui sont en rivière ne peuvent se garantir du danger qu'en s'amarrant avec de longs câbles dans les parages où il y a beaucoup de fond. Ce phénomène est désigné dans le pays sous le nom de *pororoca*.

Le Maragnon est peuplé de crocodiles et de poissons; on y trouve aussi des lamantins. D'immenses reptiles rampent sous l'herbe et les buissons qui couvrent ses rivages. Des jaguars, des tapirs, des singes de toute espèce habitent les forêts voisines. Des oiseaux au brillant plumage, mais à la voix aigre et criarde, donnent un air de vie à des lieux où il ne manque que des hommes industrieux pour les convertir en jardins d'Armide. Mais l'Amazone roule ses eaux à travers d'immenses solitudes et de vastes plaines qui, ne s'élevant que très peu au-dessus de ses bords, sont fréquemment inondées; et comme ses eaux ne peuvent s'écouler, elles se corrompent, et il s'en exhale des émanations dangereuses, qui souvent ajoutent des maladies au terrible inconvénient des moustiques qui couvrent par millions tous les bords du fleuve, dès que la saison des pluies a fait place à la saison sèche.

DES LACS

On appelle lac une étendue d'eau plus ou moins grande, située dans l'intérieur des terres, non sujette au flux et au reflux, recevant des rivières et n'acquérant aucune augmentation sensible, ne subissant non plus aucune diminution. Les plus grands lacs du globe se trouvent dans l'Amérique du Nord. L'Asie a la mer Caspienne et la mer d'Aral, qui, à proprement parler, ne sont que de grands lacs; ceux de l'Europe ne sont guère que de grands étangs.

Le lac Supérieur est plus vaste que la mer Caspienne; on lui donne 1,500 milles de circonférence. « Le temps était calme, dit le voyageur Carver, et le soleil brillait radieux sur les eaux. Placé dans mon canot, sur une profondeur d'environ 6 brasses, je distinguais très bien les pierres du fond, tant l'eau était pure, claire et transparente. Mais il n'était pas possible de les regarder deux à trois minutes de suite sans éprouver des vertiges et sans que la vue se troublât. » Ce voyageur ajoute que, comme le temps était très chaud, l'eau à sa surface était plus que tiède, mais que si l'on descendait un vase à trois ou quatre pieds de profondeur, on en retirait une eau excessivement froide.

LAC ASPHALTITE, OU MER MORTE

Ce lac, long d'environ 50 milles sur une largeur de 12 à 13, est entouré de hautes montagnes, et reçoit le fameux fleuve du Jourdain. C'était sur l'emplacement qu'il occupe que s'élevèrent jadis les villes de Sodome et de Gomorrhe, que consuma le feu du ciel. Disons en passant que la mémoire de ce terrible événement s'était perpétuée d'âge en âge, bien qu'altérée par les fausses lumières du paganisme; car on lit dans Strabon que ces villes furent renversées par un tremblement de terre, et détruites par les flammes qui jaillirent du sol. La surface du lac est couverte de bitume et d'asphalte.

Dans les lacs fermés qui n'ont aucune issue, comme la mer morte, le lac d'Aral, etc., le degré de la salure a considérablement augmenté. Cet effet se comprend parfaitement, car toutes les eaux qui y affluent y apportent journellement les matières salines qu'elles ont dissoutes; mais ces matières ne peuvent plus en sortir, et dès lors elles s'y accumulent. De nombreuses expériences ont établi que les eaux de la mer Morte sont six fois plus salées que celles de l'Océan, et qu'elles renferment de 150 à 200 grammes de sels divers par litre, et même quelquefois davantage. Aucune eau minérale n'est aussi chargée de substances salines. Aussi sa densité est-elle fort considérable, et un homme peut y surnager sans faire le plus léger mouvement.

LAC MAJEUR ET AUTRES

Le lac Majeur, dans le Milanais, est remarquable par la beauté de ses environs; sa longueur est de 15 à 18 lieues, sur une largeur d'une lieue et demie à 2 lieues, et vers le milieu il a 8 brasses de profondeur. Les coteaux qui l'entourent sont tous plantés de vignes, et les bords de l'eau ombragés de beaux arbres. Là où le lac, s'élargissant, forme une espèce de baie, sont deux petites îles qu'on appelle l'*Ile-Belle* et l'*Ile-Mère*. On dirait deux pyramides ornées de festons et de guirlandes de fleurs. Sur la première de ces îles on voit dix terrasses échelonnées les unes au-dessus des autres; la dixième, qui est la plus petite, a été entourée d'une balustrade et pavée en marbre. L'Ile-Mère n'a que sept terrasses; mais elles sont au même niveau que les dix autres: la hauteur totale est d'environ 200 pieds au-dessus des eaux du lac. L'art n'a fait ici qu'aider la nature; mais c'est la nature elle-même qui a élevé ces deux masses, que les hommes n'ont fait qu'embellir.

Le lac d'Ulswater, dans le Westmoreland, en Angleterre, n'a guère que 2 à 3 lieues de long, sur une largeur d'à peu près un tiers de lieue. Il n'est remarquable que par les échos dont il est entouré. Si l'on tire un coup de fusil de certains endroits du rivage, le bruit se répète de roche en roche, de cavité en cavité, tantôt paraissant s'éloigner, tantôt se rapprochant comme cela arrive souvent pour les éclats du tonnerre. La détonation se fait entendre sept fois de suite très distinctement.

Le lac Lean, en Irlande (Louc-Lean), se divise en trois parties. La partie supérieure n'a qu'une lieue de long, sur à peu près une lieue de large; on y remarque un rocher fameux dans le pays appelé *le Nid de l'Aigle*. Il y a dans ses cavités un écho extraordinaire; un cri, une détonation, s'y répètent une infinité de fois, en produisant un son assez semblable à celui d'une grosse cloche. Ce son va diminuant peu à peu jusqu'à ce qu'il aille se perdre dans les montagnes. Le lac du milieu, beaucoup plus petit, tout entouré de beaux arbres, baigne à l'est le pied d'un rocher élevé, du sommet duquel se précipite, d'une hauteur de 450 pieds, un courant d'eau qui est reçu dans un bassin naturel, qu'on appelle *le Bol à punch du diable*, parce que le bassin a la forme d'un bol à punch, et qu'il est si profond, qu'on n'a pu le mesurer. Le dernier lac est plus grand que les autres; mais il n'a de remarquable que sa cascade d'O'Sullivan. L'eau, en tombant, forme une espèce d'arche de 70 pieds de haut.

CASCADES REMARQUABLES

Nous venons de parler de cascades. Avant de commencer la description de la partie solide du globe, citons les cascades ou chutes d'eau les plus remarquables. On met d'ordinaire au premier rang la chute du Niagara. Que peut-on imaginer, en effet, de plus majestueux, qu'un grand fleuve qui se précipite du haut d'un rocher avec un bruit égal à celui du tonnerre, faisant rejaillir dans les airs des flots d'écume qui retombent en pluie? Avant d'arriver au fort Niagara, le fleuve, pressé dans un lit étroit, court avec une rapidité toujours croissante, brisant ses vagues furieuses contre les rochers qui obstruent son cours. Bientôt il arrive au bord du précipice; deux îles qui s'élèvent de plusieurs pieds au-dessus de ses eaux le forcent à se diviser en trois branches, ce qui forme trois cataractes. La première s'appelle le *Fer-à-Cheval,* parce que le rocher duquel elle tombe offre une forme concave. On estime généralement que l'étendue de cette cataracte est de 300 toises. Après le Fer-à-Cheval est la première île, qui a 170 toises de large; la seconde cataracte n'a que 15 pieds de large; la seconde île n'a que 13 à 14 toises. La largeur de la troisième cataracte est égale à celle de la première île, de sorte que la largeur totale du saut du Niagara est d'environ 660 toises, les deux îles comprises.

La rivière de Montmorency, qui apporte au Saint-Laurent le tribut de ses eaux, à 3 lieues environ au-dessus de Québec, descend du haut des montagnes voisines, à travers des rochers et des précipices. Forcée d'abord de traverser un terrain inégal coupé de rochers, elle divise ses eaux en un grand nombre de canaux qui aboutissent tous à un lit étroit encaissé entre deux chaînes de rochers abrupts, de sorte que les eaux acquièrent une grande rapidité. Elles arrivent bientôt après à un lieu qu'on appelle *les Degrés*, parce que la rivière tombe de roche en roche jusqu'à une assez grande profondeur. Ces degrés, au nombre de quatre à cinq, ont chacun 12 à 15 pieds de hauteur. Le côté oriental de la rivière est bordé de rochers perpendiculaires couronnés de grands arbres. Du côté opposé, les rochers ont l'aspect d'un vieux mur, pareillement couronné d'arbres. Après ces diverses chutes, toutes les eaux, de nouveau réunies, reprennent un cours très rapide; après de nouvelles cascades, elles arrivent à bord d'un énorme rocher taillé à pic; de là elles tombent à 250 pieds de profondeur. Du bassin naturel qui les reçoit s'élèvent des nuages d'écume qui, lorsque le soleil luit, se colorent de toutes les nuances de l'arc-en-ciel. La largeur de la chute est d'environ 16 toises.

On a beaucoup parlé des cataractes du Nil. Il est avéré aujourd'hui que ces cataractes immenses, dont les anciens ne parlaient qu'avec stupeur, ne sont que des chutes de quelques pouces qui même sont insensibles dans les grandes eaux. Les savants français qui accompagnaient Bonaparte en Égypte ont réduit la chose à leur juste valeur. Il est vrai pourtant que le Nil éprouve plusieurs cataractes; mais les anciens ne les connaissaient pas, parce qu'elles ont lieu dans un pays où ils ne pénétraient point : ils parlaient de celles de l'Égypte. Ce fleuve subit plusieurs chutes de 10 à 20 pieds dans la Nubie. Le voyageur Bruce parle même d'une cataracte de 40 pieds dont il fait une merveilleuse description; mais on sait que cet écrivain voyageur a cherché plus d'une fois à en faire accroire en parlant du Nil, dont il prétend avoir vu les sources, bien qu'il soit avéré qu'il n'a jamais poussé aussi loin ses découvertes.

Deux torrents qui descendent du mont Rosa, dans les Alpes piémontaises, alimentés par les eaux des glaciers, tombent perpendiculairement de la hauteur, l'un de 400 brasses, l'autre de 200 seulement. Dans le département français des Hautes-Pyrénées, on voit aussi une rivière se précipiter de 1,200 pieds de hauteur. La cascade du *Marbre* (ainsi nommée parce qu'elle tombe du haut d'une roche de marbre, à une lieue de Terni) tombe de 300 pieds. L'Anio près de Tivoli, l'Arvo dans la Savoie, la Cettina dans la Dalmatie, le Rhin près du village suisse de Lauffen, le Gotha en Suède, et beaucoup d'autres rivières qu'il est superflu de citer, ont des chutes ou cataractes, des cascades, des *rapides* (on appelle ainsi la partie du cours des rivières où les eaux, entrant dans un lit dont la pente est considérable, acquièrent une très grande rapidité). Nous en avons assez dit pour donner une idée des cataractes en général.

DES MONTAGNES

On distingue les montagnes en principales, secondaires et sous-marines. On appelle principales les grandes masses, les grandes chaînes qui dominent toutes les autres. Leur cime toujours chargée de neige s'élève au-dessus de la région des nuages. On voit sur leurs flancs quelques arbres; des plantes rares croissent parmi leurs rochers; des mousses, des lichens les tapissent, mais sur leurs sommets il n'existe aucune trace de végétation.

Les montagnes secondaires ne sont que des embranchements qui se détachent de la chaîne principale, et s'étendent en tous sens. Beaucoup moins élevées que les premières, elles sont en général couvertes d'arbres et d'arbustes. Les petites montagnes qui semblent naître des chaînes secondaires prennent le nom de coteaux ou de collines, et vont terminer leurs ondulations aux plaines voisines.

Les chaînes sous-marines ne sont guère que la continuation des grandes chaînes continentales; car presque toujours elles suivent la même direction.

La forme des montagnes varie beaucoup : on en voit de rondes, de perpendiculaires, d'aplaties, de carrées, d'angulaires. Elles se composent en général de grandes masses solides, minérales ou rocheuses, plus étendues en surface qu'en hauteur, disposées les unes sur les autres par bancs ou couches. De ces couches les unes sont formées d'un seul minéral; les autres le sont de minéraux divers, agglomérés irrégulièrement en ce qui concerne leur qualité, mais présentant assez de régularité dans leur position. Certaines couches offrent une masse compacte; d'autres se divisent en lits bien distincts : ces dernières s'appellent roches stratifiées.

De même que les roches, l'enveloppe entière du globe est formée de couches, qui semblent être autant de dépôts laissés successivement par les eaux.

FORMATION DES PIERRES

Les pierres, suivant leur origine plutonique ou neptunienne, ont eu deux modes de formation bien distincts. Les premières, comme les granits, les porphyres, les laves volcaniques, sont des matières fondues par l'action du feu central, et qui, refroidies, constituent des masses compactes plus ou moins considérables. Les secondes sont des sédiments qui, tenus en dissolution dans les eaux de la mer ou des lacs, se sont déposés en bancs et se sont solidifiés, enfermant dans leurs couches les débris des êtres organisés qui vivaient dans les mêmes eaux.

Nous venons de parler des roches anciennes. De nos jours il se forme encore de véritables roches. Les hauteurs se dégradent, les sommets des montagnes s'éboulent, les rochers les plus durs sont altérés par l'action de l'air atmosphérique, les terrains entraînent dans leur marche furieuse des débris de toute sorte, et il en résulte des dépôts de matériaux variés, tout d'abord incohérents. Bientôt diverses causes interviennent pour unir et cimenter les parties incohérentes et leur donner une certaine consistance. Le carbonate de chaux dissous dans les eaux reprend sa liberté, s'infiltre entre les blocs, s'insinue dans les interstices, lie les matières isolées, et joue le rôle d'un véritable ciment calcaire. Les oxydes de fer en dissolution, la silice, remplissent la même fonction. Au bout d'un laps de temps plus ou moins considérable, les couches ne sont donc plus formées de fragments épars et mobiles, mais de lits d'argile comprimés, de conglomérats granitiques ou calcaires, de grès ferrugineux ou siliceux, etc. Les débris d'animaux ou de végétaux peuvent même se pétrifier lentement dans ce milieu, et devenir fossiles par la substitution graduelle d'une molécule inorganique à chaque molécule organique. C'est ainsi que se constituent et s'accroissent sous nos yeux une foule de nouveaux terrains.

DES FOSSILES

On désigne par le nom de fossiles les débris des animaux et des végétaux qu'on trouve dans les entrailles de la terre convertis en pierre. Quand on voit des amas de coquillages et d'autres corps marins jusque sur le sommet des plus hautes montagnes, on ne peut douter que la mer ne les ait autrefois couvertes. Les montagnes calcaires du Derbyshire et du Yorkshire, qui s'élèvent à 2,000 pieds au-dessus de la mer, offrent dans toute leur étendue des masses énormes de zoophytes, de coquillages et d'animaux marins. Au-dessus de ces masses sont des lits de détritus de roches mêlés de parties de végétaux, et

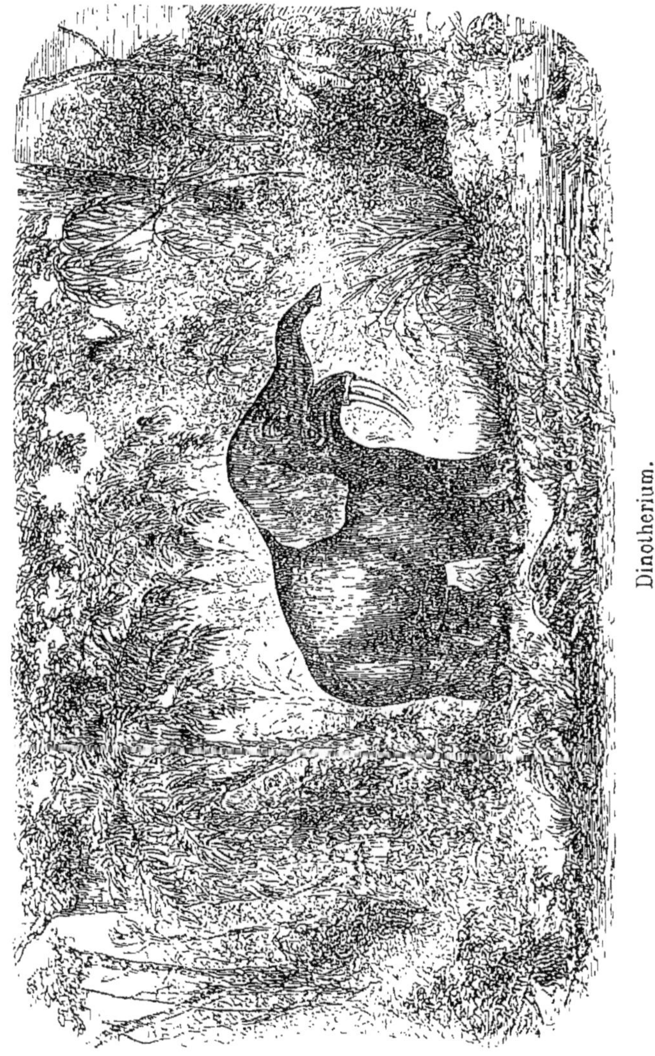

Dinotherium.

par-dessus encore sont des lits de charbon renfermant des écailles de moules d'eau douce. La couche terreuse qui couronne ce dernier lit renferme des poissons fossiles dont on peut remarquer encore fort distinctement les écailles et les arêtes.

Beaucoup de montagnes des Pyrénées, et particulièrement le mont Perdu, une des plus hautes, se terminent par des roches calcaires qui renferment des restes d'animaux marins. Ces roches existent à 10,500 pieds d'élévation. M. de Humboldt a trouvé des fossiles de la même espèce sur les Andes du Pérou, à 14,000 pieds au-dessus de la mer. Dans plusieurs contrées méridionales on a trouvé, en creusant sous des lits d'argile et de craie, des ossements d'éléphants et de rhinocéros. Le savant naturaliste français Cuvier, en examinant attentivement ces divers débris, s'est convaincu qu'ils appartenaient à des animaux dont l'espèce n'existe plus sur le globe; car on n'en voit plus aujourd'hui qui ressemblent à ceux qu'il a, pour ainsi dire, recomposés.

Comme ces débris sont très mêlés, que souvent même on en trouve qui semblent des restes d'animaux dont l'espèce s'est conservée jusqu'à nous, Cuvier conjecture que les animaux auxquels ces débris appartiennent ont péri par le dernier ou un des derniers cataclysmes du globe. Dans beaucoup d'endroits ces restes sont mêlés avec des débris d'animaux marins. Quoiqu'il soit vraisemblable que tous les animaux qui vivaient au moment du cataclysme ont péri, on a trouvé dans les parties septentrionales de l'ancien continent des restes d'éléphants, d'hippopotames, de rhinocéros, de tapirs et de mastodontes, et, à l'exception du dernier, qui n'a plus d'analogue, les quatre premières espèces existent, sinon dans les régions hyperboréennes, du moins entre les deux tropiques.

ANIMAUX DONT LES ESPÈCES SONT PERDUES

C'est dans les terrains tertiaires, composés de couches alternatives de dépôts marins et de dépôts d'eau douce, que se trouvent les ossements fossiles de beaucoup d'animaux dont les espèces ont disparu de la terre. Cuvier a indiqué d'abord six espèces de mammifères *pachydermes* (animaux à peau épaisse : le *palæotherium*, qui réunit les formes du rhinocéros, du tapir et du cheval ; l'*onoplotherium*, qui tient de l'âne et de la gazelle ; le *lophiodon*, sorte d'hippopotame ; l'*anthracotherium*, espèce de porc ; le *cheropotam*, variété du précédent, et l'*adapis*, espèce de grand hérisson. Leurs restes étaient mêlés à ceux de divers mammifères et de reptiles qui ne se trouvent aujourd'hui que sous l'équateur. Le même naturaliste a recomposé le *mammouth*, le *mastodonte*, espèce de grand éléphant à long poil et à laine épaisse ; le *dinotherium*, espèce de tapir énorme, et le *megatherium*, espèce de paresseux d'une grandeur démesurée.

FOSSILES DONT LES ANALOGUES EXISTENT

Quelle que soit l'opinion qu'on embrasse au sujet des fossiles, on ne peut douter qu'il ne se soit opéré de grands changements dans la température du globe : car on a trouvé jusque dans les régions polaires des animaux dont les analogues ne peuvent vivre aujourd'hui que sous la zone torride.

On a trouvé en France, auprès de Honfleur, près de l'embouchure de la Seine, des restes de crocodiles ; on en a trouvé aussi en Angleterre, dans les comtés de Dorset, d'York et de Nottingham, et dans plusieurs autres endroits. De même qu'à Honfleur, on les a trouvés renfermés dans une masse de pierre calcaire de couleur bleuâtre, qui devient noire si on l'humecte avec de l'eau.

On a fait souvent mention d'un animal gigantesque dont les restes furent trouvés en 1770 dans les carrières de Maëstricht. Des ouvriers des carrières découvrirent incrustée dans la roche vive une tête d'animal d'une grosseur extraordinaire ; ils en avertirent M. Hoffmann, qui présidait aux travaux, et qui fit aussitôt dégager ce précieux fossile. Le propriétaire du terrain sous lequel cette tête avait été trouvée prétendit qu'elle devait lui appartenir. Il y eut là-dessus contestation et procès. Le propriétaire obtint gain de cause. Cela n'était pas juste. Quand les troupes françaises envahirent les Pays-Bas, elles s'emparèrent du fossile, qui fut envoyé à Paris. On calcula, d'après tous les débris qu'on recueillit, que la longueur totale de cet animal, la queue comprise, était de 24 pieds. On a pareillement présumé, d'après diverses observations, que cet animal appartenait à l'Océan. Cuvier a pensé que c'était un genre intermédiaire entre celui des lézards à langue longue et fourchue et des lézards à langue courte, tels que l'iguane, l'anolis, etc.

Dans plusieurs lieux de l'Irlande on a découvert depuis peu d'années des cornes de bois de cerf d'environ 10 pieds de haut depuis la racine jusqu'au sommet; on croit que l'animal auquel appartenait cette immense dépouille ne se trouve plus sur la terre.

On a découvert en Italie de nombreux débris d'éléphants; et quoiqu'on sache que les Romains avaient transporté de l'Afrique à Rome beaucoup d'animaux de ce genre, il est bien évident que ces restes n'ont été enfouis à une assez grande profondeur que par un de ces cataclysmes qui ont bouleversé la face du globe dans les premiers âges. Ce qui rend ce fait certain, c'est que des restes de cet animal ont été trouvés en beaucoup de lieux en France, en Allemagne, en Hollande, en Suisse, principalement dans le bassin du Rhin. Les bords du Danube en ont aussi fourni un grand nombre; on en a découvert même dans la Suède, en Russie, en Islande, en Sibérie, dans les deux Amériques, etc. Les observations de Cuvier, confirmées par un grand nombre de faits, attribuent les ossements fossiles de ces animaux à deux espèces d'éléphants qui, malgré leur ressemblance avec les éléphants d'Asie, forment cependant un autre genre qui n'existe plus aujourd'hui.

Dans le courant du XVIIIe siècle, des fouilles exécutées en Amérique ont fait découvrir une quantité prodigieuse d'ossements fossiles appartenant à une espèce d'éléphant ou d'hippopotame qu'on a désigné sous le nom de *mastodonte*. Comme c'est principalement en Amérique et sur les bords de l'Ohio que ces ossements ont été trouvés, Cuvier, qu'il faut toujours citer quand il s'agit d'un fait d'histoire naturelle, ne croit pas que le mastodonte ait surpassé l'éléphant en hauteur; il juge seulement qu'il était un peu plus long. La forme et la structure des dents mâchelières l'ont déterminé à faire du mastodonte un genre différent, qui paraît d'ailleurs s'être nourri de racines et de végétaux, comme l'hippopotame, et avoir habité de même les lieux marécageux.

Dans les mêmes contrées où l'on a recueilli les débris fossiles des éléphants, se sont montrés aussi les restes des rhinocéros; il est vrai qu'on s'en est peu occupé; ceux qui les ont trouvés n'étaient peut-être pas en état de décider à quelle espèce d'animal ils appartenaient. Pallas en a vu beaucoup en Sibérie; il

Mastodonte.

prétend même avoir trouvé sur les bords de la rivière Wiluji, enseveli sous le sable, un rhinocéros entier encore pourvu de sa peau.

Nous avons déjà fait mention de coquillages fossiles qui se trouvent jusque sur les plus hauts sommets des montagnes. Nous ajouterons seulement ici qu'en divers lieux de l'Europe on en trouve des couches épaisses presque à la surface du sol. Pour n'en citer qu'un exemple, nous dirons que dans la Touraine, à 35 lieues de la mer, on a découvert à 9 pieds de profondeur un lit de coquillages marins long de 9 lieues, et de 20 pieds d'épaisseur. C'est ce qu'on appelle les *falunières.*

DU MAMMOUTH FOSSILE

Il ne nous reste qu'à parler du mammouth. On sait que Buffon a fait du mammouth une description que les savants, prévenus contre lui par sa théorie de la terre, rejetèrent sans examen comme un produit de son imagination. Il faut dire que l'éloquent naturaliste avait prodigieusement exagéré le résultat de ses calculs ; car il donnait au mammouth 133 pieds de long sur 105 de hauteur. Il est vrai qu'il était revenu plus tard sur cette évaluation ; mais dans son opinion le mammouth aurait eu cinq ou six fois le volume et la taille d'un éléphant : de sorte que, malgré cette réduction qu'il avait fait subir à ses idées, il ne trouva que des incrédules qui reléguèrent l'existence du mammouth parmi les faits apocryphes ou fabuleux. Il est avéré pourtant aujourd'hui qu'il a existé un grand quadrupède qui n'est ni l'éléphant ni le mastodonte, et qu'on a désigné sous le nom de mammouth.

En 1799, un pêcheur tongouse remarqua une masse informe qui sortait d'un banc de glace près de l'embouchure d'une rivière de la Sibérie. Il ne chercha pas à vérifier la nature de ce corps, parce qu'il se trouvait hors de sa portée. L'année suivante, il revit cette masse ; elle était moins engagée dans la glace, mais il ne pouvait concevoir encore en quoi elle consistait ; ce ne fut que dans l'été de 1801 qu'il distingua le corps d'un animal énorme. Un de ses côtés et une de ses défenses étaient alors totalement visibles. Il fallut deux ans de plus pour que le corps entier se dégageât complètement de la glace ; mais alors il se renversa sur un banc de sable qui faisait partie de la côte. Le pêcheur lui enleva ses deux défenses, qu'il vendit 50 roubles (à peu près 380 francs).

Au bout de deux ans cet animal gisait encore sur le sable, quoiqu'il eût souffert bien des mutilations. Les paysans avaient nourri leurs chiens de ses chairs, et les ours blancs en avaient aussi pris leur part ; mais le squelette était resté tout entier, à l'exception d'une de ses jambes de devant, qui avait été enlevée. Quelques parties du squelette étaient encore recouvertes de la peau, qui était fort épaisse et fort dure. La tête n'avait été que très peu endommagée ; on y distinguait encore la pupille de l'œil. La cervelle existait encore, mais la plus grande partie était desséchée ; une oreille était très bien conservée et garnie d'une touffe de poils très rudes. Les ours avaient dévoré toute

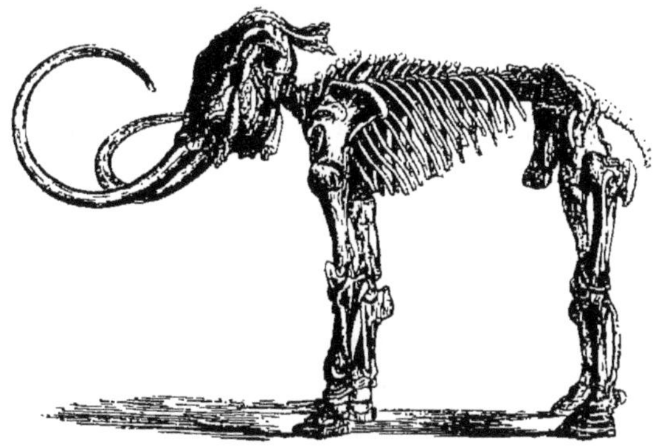

Squelette de mammouth.

la lèvre inférieure et partie de la supérieure, de sorte qu'on lui voyait toutes les dents. L'animal avait le cou garni d'une longue crinière ; les poils ou les soies étaient de trois sortes, les uns longs d'un pied, noirs et durs ; les autres plus minces et flexibles, de couleur rouge brun ; la troisième espèce ressemblait à de la laine grossière de même couleur.

DES PRÉTENDUS GÉANTS FOSSILES DU PÉROU

De même que beaucoup d'autres peuples de l'ancien continent, les Américains étaient persuadés qu'il y avait eu jadis dans leur pays une race de géants, qui s'étaient emparé des filles des hommes, et rendus très odieux par leur violence. Ils leur assignent pour résidence le quartier du Pérou que les Espagnols nomment *el pueblo quemado* (le lieu brûlé), qui a probablement servi de théâtre aux éruptions d'un volcan, comme l'indiquent les laves, les soufres, les pierres ponces et les débris volcaniques dont encore aujourd'hui le sol est couvert. Le commandant d'une ville voisine y fit exécuter des fouilles en 1543, et l'on y découvrit des ossements d'une grandeur prodigieuse, la plupart en débris. Depuis cette époque d'autres fouilles ont été faites au Mexique, à Tezcuco, dans l'île de Puna, et en plusieurs autres lieux. Elles ont produit des résultats semblables, et l'on a pu se convaincre que le sol entier de l'Amérique, depuis la baie d'Hudson jusqu'à la Terre-de-Feu, recèle des débris d'ossements qui ont appartenu à de grands animaux.

Le duc d'Albuquerque, gouverneur du Mexique, fit assembler, dit-on, tous les médecins et naturalistes qui se trouvaient dans les colonies espagnoles. Il les consulta sur la nature des ossements, et tous prétendirent que c'étaient des débris de squelettes humains. Cette erreur fut adoptée en Espagne, et s'enracina si bien dans l'esprit des érudits de ce pays, que le P. Terrubias, de Madrid, en fit, il y a cent vingt ans environ, la base de sa *Giganthologie*, ce qui pourtant n'a pas empêché les véritables savants de croire et de dire que ces fossiles attestaient l'existence de grands quadrupèdes dont les espèces ont disparu de la terre.

FORÊTS SOUTERRAINES

En 1788, les eaux de la Tamise, sortant de leur lit, se frayèrent une route à travers les terrains marécageux de Dagenham, dans le comté d'Essex ; elles creusèrent un canal large de 300 pieds et de 20 pieds de profondeur. Quand les eaux se furent retirées, on vit dans ce canal une grande quantité d'arbres qui se trouvaient enterrés dans ce lieu depuis bien des siècles. Tous ces arbres avaient beaucoup de ressemblance avec l'aune. Ils étaient noirs et durs, et leurs fibres très fortes. On n'y remarqua qu'un seul chêne; il conservait une grande partie de son écorce; ses racines et ses sommités étaient en fort bon état. Il est à présumer que ces arbres étaient nés sur la place même où on les a découverts. Ils sont étendus sur un sol fangeux et noirâtre, et tout couverts d'une mousse verdâtre.

Au commencement du XVIIe siècle, il y avait eu en Angleterre une réserve royale de 180,000 acres de terre pour la chasse du cerf. Sous le règne de l'infortuné Charles Ier, cette réserve fut vendue à un Hollandais nommé Vermuidon, qui, après en avoir desséché la plus grande partie et l'avoir mise à l'abri des inondations, la convertit en pâturages et en terres labourables. Les travaux de desséchement firent découvrir une immensité de racines et de troncs d'arbres de toute dimension. Les racines étaient fixées au sol et placées dans leur position naturelle; mais les troncs en étaient détachés, et ils étaient couchés auprès de leurs racines. Comme on trouva aussi parmi les racines des instruments et des ustensiles des Romains, on conjectura que les Romains, qui avaient abattu tous les bois pour ôter aux Bretons un lieu de retraite, avaient abattu aussi celui de Hasfield. C'était le nom de la réserve.

La plupart des tourbières offrent des faits du même genre. Les grands arbres, en effet, sont extrêmement abondants dans ces dépôts. Ce sont en général des arbres résineux, des chênes, des frênes, des bouleaux, des ormes. Les essences résineuses sont les mieux conservées; elles ont gardé toute la solidité du tissu ligneux, et sont seulement noircies; les autres essences, plus décomposées, sont en quelque sorte réduites en terreau friable. On trouve un si grand nombre de troncs encore debout, avec les racines fixées dans le sol, qu'on ne saurait douter que ces arbres sont encore dans la place où ils ont vécu : les fruits de chaque espèce, les glands, les cônes, les noisettes, les faînes, etc., gisent à côté des arbres auxquels ils ont appartenu, ce qui semble démontrer qu'il n'y a pas eu transport des végétaux par les courants. Dans d'autres circonstances, les arbres paraissent avoir été brisés sur place, et sont couchés à côté de leurs racines.

Des faits du même ordre sont aussi constatés dans les houillères, où l'on rencontre de temps en temps des troncs entiers encore à leur place primitive.

DES VOLCANS

On donne le nom de volcans aux montagnes qui offrent des ouvertures plus ou moins considérables, appelées *cratères*, par lesquelles jaillissent de temps à autre des substances embrasées et des matières fondues ; ces dernières sont désignées sous le nom de laves. Les volcans sont presque toujours isolés ou séparés des grandes masses. Les cratères ont généralement la forme d'un entonnoir ou d'un cône renversé. Les volcans s'élèvent souvent sous une forme pyramidale au milieu d'un plateau. Ils augmentent en hauteur et en volume par la fréquence des éruptions, parce qu'à chacune d'elles les cendres et les laves refroidies déposent une couche nouvelle autour du cratère.

Quelquefois les volcans s'éteignent; quelquefois il se passe de très longs intervalles sans aucune éruption. Il y en a eu autrefois dans l'Auvergne et dans le Vivarais; depuis plus de vingt siècles ils paraissent éteints. En général, les éruptions sont d'autant plus fréquentes que les cratères sont moins élevés. La hauteur des cratères varie de 100 à 3,000 toises au-dessus du niveau de la mer.

L'Europe a peu de volcans; l'Etna, le Vésuve, et l'Hécla en Islande, sont les principaux. L'Afrique n'en renferme pas, du moins ils ne sont pas connus ; mais les îles voisines de ses côtes en ont quelques-uns. On en voit aussi quatre ou cinq sur les côtes méridionales de l'Asie et sur celles de la mer Caspienne. Il en existe cinq ou six dans le Kamtchatka; les îles de la Polynésie, à compter des Philippines, en ont un grand nombre. Les sommets de la Cordillère, dnns l'Amérique du Sud, en offrent une cinquantaine; les Antilles en ont aussi quelques-uns.

Les éruptions volcaniques s'annoncent par des mugissements sourds, des détonations souterraines, des colonnes de fumée qui sortent du cratère. Bientôt après la terre tremble autour de la montagne, le bruit augmente, la fumée s'épaissit, des tourbillons de cendres s'élèvent. Si l'atmosphère est calme, la fumée monte en colonne pressée ; quelquefois elle forme d'immenses nuages noirs. A travers cette fumée s'élancent par intervalles des jets de sable embrasé, semblables à des flammes étincelantes. Ensuite des matières fondues, des pierres ardentes montent dans les airs au bruit d'explosions répétées. Ces matières retombent autour du cratère ; celles qui bouillonnent dans l'intérieur, dilatées de plus en plus, s'enflent et se répandent en fleuve de feu sur les flancs de la montagne. Souvent du milieu de ce brûlant foyer sortent avec fracas des torrents d'eau et de boue et des gaz délétères dont les émanations s'étendent au loin.

EXPÉRIENCE DE LÉMERY. — VOLCAN ARTIFICIEL

Le chimiste Lémery mêla du soufre pulvérisé avec de la limaille de fer, parties égales. Il détrempa ces matières dans un peu d'eau, et les enferma dans un vase qui en contenait 50 livres ; il enfouit ensuite ce vase dans la terre à un pied environ de profondeur. Au bout de quelques heures, la terre se gonfla, et finit par s'entr'ouvrir, laissant échapper d'abord des vapeurs brûlantes et sulfureuses, ensuite des jets de flammes.

La nature peut produire en grand un effet du même genre. L'Hécla vomit souvent du feu et de l'eau ; mais c'est une eau sulfureuse. L'Islande, au surplus, abonde en soufre. Toutefois il ne faut pas conclure de là que les volcans ne se forment que par une fermentation de ce genre ; car l'expérience de Lémery, toute ingénieuse qu'elle est, ne saurait expliquer ni la formation des laves ni la transmission des secousses de tremblements de terre à d'énormes distances. Les laves ne sont pas le résultat d'une simple fusion accidentelle ; l'analogie parfaite qui existe entre les laves de tous les volcans des deux mondes prouve, selon nous, qu'elles partent toutes d'un foyer commun.

VOLCAN DE COTOPAXI

Le Cotopaxi, dans la Cordillère de Quito, s'élève à 5,755 mètres au-dessus du niveau de la mer. Le mont Vésuve, placé sur le pic de Ténériffe, n'égalerait pas sa hauteur. Sur le sommet de la montagne, qui a la forme d'un cône, est une large ouverture, d'où s'élancent très fréquemment des laves, des pierres, du feu, des cendres. A plusieurs lieues à la ronde le sol est tout couvert de scories et de débris. La Condamine et Bouguier, pendant qu'ils procédaient à leurs mesures trigonométriques dans ces régions équatoriales, en 1738, virent les flammes s'élever à 1,500 mètres au-dessus du cratère ; en 1744 on aperçut les flammes à plus de 100 lieues de distance ; en 1768 il en sortit tant de cendres, que l'air en fut obscurci pendant plusieurs heures. En 1803, l'éruption s'annonça par la fonte subite des neiges dont la montagne est en tout temps couverte. M. de Humboldt assure qu'il entendit tout le jour et toute la nuit des détonations du volcan du port de Guayaquil, où il se trouvait, à 52 lieues de distance.

LE MONT ETNA

Sans avoir autant d'élévation que le Cotopaxi, le mont Etna, s'élançant comme une pyramide immense du milieu d'une assez vaste plaine peu élevée au-dessus de la mer, se montre avec plus d'avantage, et le voyageur s'incline devant ces masses majestueuses, ou plutôt devant le Créateur qui leur a donné l'existence.

L'Anglais Brydone, accompagné de quelques autres, entreprit de gravir au sommet de l'Etna, et il y parvint non sans peine. « Ce fut pendant la nuit que j'arrivai, dit-il, à la cime, que la nature a placée au-dessus de la région des nuages. Il me sembla que j'apercevais un grand nombre d'étoiles que je ne pouvais voir de la plaine; il me parut surtout qu'elles brillaient d'une lumière plus vive. La voie lactée ressemblait à une flamme pure et blanchâtre qui s'étendait sur le firmament. J'observai aussi à l'œil nu des groupes d'étoiles que je n'avais pu remarquer. » Cela tenait probablement à la plus grande transparence de l'air.

L'Etna réunit à sa surface toutes les températures, toutes les saisons de l'année, les productions de tous les climats. Aussi le divise-t-on d'ordinaire en trois zones ou régions : torride, tempérée et glaciale. La première est cultivée; la seconde produit toutes sortes d'arbres; la troisième est le séjour des frimas. La région cultivée s'étend de trois à quatre lieues autour de la montagne; elle abonde en pâturages, en fruits et en légumes, elle est couverte de villes et de villages, et renferme 120,000 habitants. Au-dessus la scène change; c'est un nouveau climat, une création nouvelle. Dans la plaine, la chaleur est quelquefois insupportable; ici l'air est doux, frais, pur; ce sont partout des plantes aromatiques; les mêmes lieux qui dans les grandes éruptions jettent des gerbes de feu sont transformés en riants jardins. Ici le frêne, l'aubépine forment des dômes de verdure; là de superbes châtaigniers offrent au voyageur un toit impénétrable aux ardeurs du soleil. Un de ces arbres, connu sous le nom de *châtaignier des Cent chevaux,* embrasse par ses rameaux une circonférence de 300 pieds. On y voit aussi des chênes d'une grosseur prodigieuse. L'Anglais Swinburne en a mesuré un qui avait 9 pieds de diamètre. La troisième région est vouée à la stérilité : sa partie supérieure est couverte de neiges éternelles; à la partie inférieure, elles fondent l'été. Au-dessus de ces trois régions est un plateau de deux lieues et demi de tour. Du milieu de ce plateau s'élève une masse qui peut avoir près d'une lieue de tour et 250 toises de hauteur perpendiculaire. Sir W. Hamilton, qui monta jusqu'au cratère, dit qu'autant qu'il put en juger à la vue, le cratère a intérieurement la forme d'un entonnoir. Mais ce voyageur a mal observé, ou depuis son voyage les choses ont bien changé de face. Selon Spallanzani, observateur instruit et attentif, le cratère est de forme ovale, et peut avoir 1,500 toises de circonférence. Ses bords sont en plusieurs endroits découpés par les laves et les scories. Le fond présente un plan à peu près horizontal de 700 à 800 toises de circonférence. De là, ainsi que des côtés, jaillissent des colonnes de fumée qui forment d'épais nuages. Dans le fond on remarque des matières embrasées qui bouillonnent sans cesse, ondulent, s'élèvent, s'abaissent, mais ne se répandent pas au delà des bords de la cavité qui les renferme.

Aucun de ces voyageurs n'avait osé s'aventurer à descendre dans le cratère. M. d'Orvilly, plus hardi, s'y fit descendre au moyen de cordes ; mais il ne vit guère que ce qu'avait remarqué Spallanzani. Seulement il ajoute que la matière bouillonnante s'élève dans ses ondulations de 5 à 6 pieds.

Tous les voyageurs s'accordent à dire que du haut de l'Etna la vue est magnifique. Il n'y a peut-être pas dans l'univers entier de plus beau point de vue, dit Spallanzani. De là l'œil s'étend sans obstacle sur la terre et sur la mer. Au lever du soleil, on ne peut guère distinguer de la mer la côte de la Calabre ; mais au bout de peu de temps des gerbes de lumière descendent des montagnes et rendent les objets plus distincts, l'horizon se teint de pourpre, toute l'atmosphère s'éclaire, et les rayons solaires directs ou réfléchis jaillissent de toutes parts. L'Etna ressemble alors à une île plongée dans un océan de lumière.

L'Etna jouissait déjà chez les anciens d'une grande renommée. Diodore de Sicile parle d'une éruption qui aurait eu lieu 509 ans avant le siège de Troie. On sait que Pline le Naturaliste l'avait visité avant d'aller perdre la vie par une éruption du Vésuve.

Une des plus violentes éruptions de ce volcan est celle de 1669. Plusieurs mois avant l'événement qui ruina cinq mille habitations, couvrit de laves et de scories une vaste étendue de terrain, et poussa un torrent embrasé jusqu'à Catane, où il se précipita dans la mer, on avait remarqué que le grand cratère du sommet de l'Etna jetait plus de flammes qu'à l'ordinaire, et que les bords du cratère même, se détachant de la montagne, tombaient dans le gouffre, ce qui diminuait sensiblement la hauteur de la montagne. Quelques jours avant l'éruption, le ciel était noir, chargé de nuages et souvent sillonné par des éclairs suivis de violents coups de tonnerre. Le sol éprouvait de violentes commotions, et l'on entendait de longs gémissements souterrains. Le 11 mars, il se fit sur la montagne une large ouverture par laquelle sortaient avec bruit des quartiers de roche qui allaient retomber à trois milles de distance. Pendant la nuit, la lave coula dans la plaine, parcourut une distance de vingt milles, causa d'immenses ravages, arriva jusqu'à Catane, tomba dans la mer, où d'abord elle forma un port naturel, qui malheureusement fut comblé par un second torrent de lave.

Pendant les deux jours suivants il tomba tant de cendres et de scories, qu'il se forma au pied du cratère une montagne qu'on a appelée *il monte Rosso*, haute de 750 pieds. Quelques jours après, toute la montagne ressentit de fortes secousses de tremblement de terre; ce qui restait de l'ancien cratère s'écroula, et il se forma à la place qu'il avait occupée un large gouffre de 500 toises de diamètre.

LE VÉSUVE

Le mont Vésuve n'a que 1,190 mètres d'élévation. On y monte par deux ou trois routes assez difficiles à cause de la forme conique de la montagne et des cendres qui couvrent ses flancs, et sur lesquelles le pied glisse fréquemment; au bout d'une heure de marche on arrive à une espèce de plate-forme qui a un quart de lieue de tour. C'est au-dessus de cette plate-forme que le cratère s'élève. De cette plate-forme on aperçoit distinctement Portici, Caprée, Ischia, Pausilippe et toute la côte du golfe de Naples, couverte d'orangers chargés de fleurs et de fruits; c'est le paradis terrestre, dit un voyageur anglais, vu des régions infernales.

La montagne est cultivée jusqu'aux deux tiers de sa hauteur, et la végétation y déploie toutes ses richesses. Sur la lave et les scories que le volcan a vomies sur la plaine voisine, on a construit des villes, des villages, des maisons de campagne; on a planté de superbes jardins; mais leurs habitants peuvent-ils se défendre d'un secret sentiment de terreur, s'ils viennent à se rappeler que sous ce sol fertile, sous cette campagne si belle, ont existé des villes florissantes, des maisons de luxe, des jardins magnifiques, jadis submergés par les laves? Portici est sur Herculanum, ses environs sur Resina. Dans le voisinage, on a découvert Pompéi, qui était demeuré dix-sept siècles enseveli sous les cendres. L'éruption qui fut fatale à ces villes, et qui coûta la vie à Pline l'Ancien, que son amour pour la science avait attiré en ce lieu, se manifesta tout à coup, sans être annoncée, comme cela arrive d'ordinaire, par les symptômes précurseurs des grandes éruptions. Ce fut la première année du règne de Titus, 79 de notre ère, que ces deux villes et celle de Stabia furent ensevelies sous les déjections volcaniques. Depuis cette époque jusqu'à nos jours on compte quarante éruptions considérables du Vésuve. Celle de 1779 fut terrible, et causa de grands dommages. En 1794, une éruption nouvelle fit craindre pour Naples, et les habitants passèrent plusieurs heures dans de vives alarmes. En 1804, et l'année suivante, le 12 août, il y eut des éruptions nouvelles. Des torrents de lave coulèrent; heureusement ils se dirigèrent vers la mer après avoir menacé Portici; mais dans leur course ils renversèrent plusieurs maisons, et mirent le feu aux arbres qu'ils rencontrèrent. En 1806, le 31 mai, ces scènes de destruction se renouvelèrent. De grands ravages eurent lieu; Portici, Resina, Torre del Greco furent couvertes de cendres. Quelques jours après, les deux premières villes furent inondées d'une pluie d'eau noire et fangeuse mêlée de parties sulfureuses. L'ancien cratère disparut entièrement; mais il s'en forma un second, d'environ cent toises d'ouverture. L'éruption continua jusqu'au mois de septembre avec plus ou moins de force, et elle causa d'incalculables dommages.

Après tant de désastres causés par le volcan, on ne conçoit pas comment des hommes, des peuplades considérables peuvent habiter jusque sur le pied de la montagne, exposés jour et nuit à être surpris par les laves : c'est vivre sous l'épée de Damoclès. Les habitants des environs du mont Hécla ont été plus sages et plus prudents : avertis par l'expérience du passé, ils ont abandonné les habitations qu'ils avaient à proximité du

Éruption du Vésuve, en 1806.

volcan, et ils se sont éloignés d'un lieu où ils craignaient de se voir un jour engloutis par la terre entr'ouverte, ou submergés par des torrents de boue que le volcan répand autour de lui.

LE MONT HÉCLA

Autant les environs du mont Etna sont beaux et pittoresques, autant ceux du mont Hécla sont d'un aspect triste et sauvage. C'est une montagne de 1,690 mètres d'élévation, à une lieue et demie de la mer, composée de roches abruptes, brisées, jetées confusément les unes sur les autres, coupées de fondrières d'où sortent continuellement des vapeurs enflammées et sulfureuses mêlées de tourbillons de fumée. De ses trois pics, le plus élevé offre un vaste cratère d'où jaillit continuellement du feu au milieu des flots de fumée. Le terrain environnant est rempli de sources d'eau bouillante.

Autour de l'Hécla, surtout à l'ouest et au sud, tout porte l'empreinte de la destruction, et pourrait passer pour l'image du chaos; ce sont partout des pierres fondues, des laves, des cendres, du sable, des scories. Entre les masses de laves, on aperçoit des débris de murailles, des haies brisées, des portions de prairies conservant encore des restes de leur jaunissante verdure. Au nord et à l'est, ce ne sont que les ruines d'anciennes habitations; toute végétation y est morte; on n'y voit pas même de ces mousses parasites qui croissent sur les rochers les plus arides.

Sir Joseph Banks, le docteur Solender, longtemps compagnons de voyage du célèbre Cook, le docteur Jacques Lind d'Édimbourg, et le docteur suédois Van Trot, montèrent sur l'Hécla en 1772, et ce ne fut pas sans des peines infinies qu'ils arrivèrent au sommet. Le thermomètre Fareinheit marqua constamment 24° (c'est-à-dire 4 degrés centigrades et demi au-dessous de zéro), tant qu'ils furent sur la montagne et que l'instrument était à l'air libre, qui était très froid; mais quand on le plaçait sur le sol, il montait en peu de minutes à 153° (c'est-à-dire 85° centigrades). La dernière éruption considérable a eu lieu en 1766; mais depuis cette époque le volcan n'a cessé de donner des flammes et de la fumée que durant de courts intervalles.

LES GEYSERS D'ISLANDE

On appelle de ce nom des volcans d'eau chaude très communs en Islande, principalement dans le voisinage de l'Hécla, bien qu'on en trouve quelquefois au sommet de montagnes constamment couvertes de neige. Le plus connu de ces geysers se trouve entre le mont Hécla, une chaîne de rochers et un groupe de montagnes neigeuses. A une demi-lieue de distance on entend un bruit semblable à celui d'une chute d'eau; chaque éjection étant accompagnée d'une détonation souterraine. Le tube d'éjection a 23 mètres de profondeur sur 2 de largeur; il est surmonté d'un bassin qui mesure en travers de 16 à 18 mètres. L'eau, dans le moment des éruptions, s'élève en jet à 50 mètres environ. Elle sort avec tant de violence, qu'elle lance des pierres à une grande hauteur et qu'elle brise les cailloux en mille pièces. La chaleur de cette eau est celle de l'eau bouillante. Les parois du bassin sont revêtues d'une couche siliceuse très unie et très dure, provenant de la silice tenue en dissolution dans les eaux.

Le jet d'eau bouillante n'est pas continuel; il n'est qu'intermittent, c'est-à-dire qu'il arrive à des intervalles irrégulièrement espacés. Au moment de chaque éruption, le bassin est complètement rempli d'une eau limpide en ébullition; un bruit souterrain, comparable à de lointaines décharges d'artillerie, se fait entendre de temps en temps, et le mouvement des eaux devient de plus en plus tumultueux. Tout à coup une immense colonne d'eau chaude jaillit de l'orifice, s'élance en fureur (le mot *geyser* signifie *fureur*) sous la forme d'une énorme gerbe, et monte jusqu'à la hauteur de 50 ou 60 mètres, entraînant avec elle les pierres qu'on a lancées dans le bassin. Puis la gerbe écumante diminue d'ampleur, s'abaisse, fait un dernier effort avec une dernière explosion, retombe inerte sur elle-même et se tait, pour entrer bientôt dans une nouvelle phase d'éruption.

Les environs du grand geyser offrent à chaque pas des sources du même genre, quoique moins considérables. Souvent

Geyser d'Islande.

aussi la terre s'entr'ouvre, et laisse échapper une vapeur blanchâtre qui s'élève dans l'air avec bruit ; dans quelques sources, l'eau ne fait que bouillir sans monter au-dessus des bords du bassin ; dans quelques autres elle s'élance en gerbes ou en jets. Sir G. S. Mackensie, dans son voyage en Islande, découvrit au-dessus du grand geyser une large ouverture remplie d'une eau claire comme du cristal, et parfaitement calme, quoique au degré d'ébullition. Les parois du bassin étaient couvertes d'incrustations siliceuses formant des figures de toutes sortes. En faisant le tour de l'ouverture, il s'aperçut que la première place qu'il avait prise en arrivant auprès de cette source se trouvait au-dessus d'un gouffre plein d'eau qui s'étendait à une distance que l'œil ne pouvait mesurer. L'espèce de voûte qui l'avait supporté était assez mince pour qu'il s'imaginât avoir couru le plus grand danger.

MOUVEMENTS ET DÉPLACEMENTS DES TERRAINS

Le sol des continents éprouve souvent des révolutions qui, sans cause apparente, peuvent en changer et en dénaturer la surface. Des fleuves se déplacent, des montagnes s'éboulent, d'autres se renversent, des terrains s'affaissent, d'autres s'élèvent, de larges portions du sol sont transportées à de grandes distances. Beaucoup d'anciens édifices paraissent s'être enfoncés dans la terre; des masses non moins anciennes continuent de se montrer tout entières. Ce fait serait peu concluant, parce qu'il peut dépendre de causes locales; il n'en est pas de même de ces grands accidents que ni la raison ni la science ne peuvent expliquer. Des montagnes détruites, des terrains déplacés sans que rien indique l'effet des gaz souterrains, sans éruptions volcaniques, sans tremblements de terre; ce sont là des mystères dont l'auteur de la création s'est réservé le secret.

En 1751, dans le comté de Hereford en Angleterre, on vit un terrain cultivé, de vingt arpents d'étendue, se séparer du sol et glisser lentement sur les terrains voisins jusqu'à la distance de 400 mètres. Le trajet s'exécuta en trois jours, il n'y eut ni détonations souterraines ni explosion au dehors; seulement on avait vu se former une espèce d'éminence, la terre se tuméfier, et le fragment de terrain détaché commencer de couler comme des eaux qui s'épanchent. Ce phénomène s'explique sans peine par le délaiement d'une nappe intérieure d'argile, sur laquelle sont assises les couches superficielles.

Il paraît, d'après l'état où se trouvent en Italie les anciennes voies consulaires, construites de manière à pouvoir résister bien des siècles encore à l'effort du temps, et néanmoins ensevelies en entier dans certains passages, que tout le sol de l'Italie s'est considérablement affaissé dans sa partie centrale, mais que ses deux extrémités, septentrionale et méridionale, ont retenu leur ancien niveau. On peut dire la même chose de l'Angleterre, et surtout de l'Écosse, où des constructions romaines, telles que la grande muraille construite dans le IIe siècle, pour garantir l'Angleterre de l'invasion des Pictes, ne laissent voir leurs restes qu'à une assez grande profondeur de la terre.

Les physiciens expliquent le phénomène de l'affaissement et de l'exhaussement du terrain par l'action des gaz qui s'élèvent continuellement, du centre de la terre, des matières que la chaleur y tient en fusion. En effet, on explique très bien par l'énorme tension des fluides élastiques le soulèvement des grandes masses de terrains. On a vu au Mexique, à 36 lieues de la mer, et loin des volcans en activité, la terre s'entr'ouvrir, et des montagnes hautes de 250 toises sortir du sol au milieu de laves mêlées de granit ; ce qui fait supposer que le foyer de l'embrasement est à de grandes profondeurs. Le terrain d'alentour, dans un rayon d'une lieue, s'est pareillement soulevé en forme de voûte, et la surface de cette voûte s'est hérissée d'un nombre infini de petits cônes d'argile et de basalte. Cette montagne nouvelle sortit du milieu d'un plateau élevé ; mais plus d'une fois, dans le nouveau monde, où les forces de la nature semblent plus actives, on a vu la terre s'ouvrir dans les plaines, et donner passage à des torrents de lave ou de matière boueuse, formée de trachyte ponceux combustible et imprégné d'hydrogène. Fortement opposé à ce système, M. Ampère a soutenu, d'après les recherches auxquelles il s'est livré, qu'on ne saurait admettre la fluidité de la masse interne du globe. Il faudrait donc supposer que le centre de la terre se compose de matières infusibles, même au plus haut degré de chaleur possible ; car on peut regarder comme un point constant le fait de la chaleur centrale, d'après la progression connue de cette chaleur de la surface à l'intérieur du globe, progression qu'on évalue à 1 degré par 28 à 30 mètres.

Un des phénomènes de ce genre les plus curieux est celui que nous présente le temple de Sérapis à Pouzzoles, dans le golfe de Baïa, parce qu'on y trouve une preuve frappante d'alternatives d'affaissement et de soulèvement. Ce célèbre monument se compose de trois colonnes antiques encore debout, taillées dans un seul bloc de marbre, d'une hauteur de 13 mètres environ. La base n'offre aucune altération jusqu'à la hauteur de 3 mètres 60 au-dessus des piédestaux; mais à partir de cette limite on remarque une zone de 2 mètres 75 toute perforée de coquilles lithophages; la partie supérieure est intacte.

En cherchant à se rendre compte de ce fait, il n'est pas difficile de se convaincre que le sol a éprouvé successivement deux mouvements contraires. D'abord il s'est affaissé de plus de six mètres dans la mer, puisque les coquillages perforants sont là pour nous l'attester; puis il a été relevé de six autres mètres au-dessus du rivage, comme on le voit aujourd'hui. Voilà donc deux mouvements bien constatés par des monuments authentiques et indubitables.

DES BASALTES. — CHAUSSÉE DES GÉANTS

Le basalte, espèce de pierre feldspathique, noire, presque aussi dure que le marbre, est une production volcanique; ce qu'il a de particulier, c'est qu'il se présente partout sous la forme de colonne ou de prisme. Il s'en trouve presque toujours dans le voisinage des volcans, même des volcans éteints.

Un des plus remarquables ouvrages de la nature en ce genre se trouve dans le comté d'Antrim en Irlande; on le connaît sous le nom de *Chaussée des Géants*. C'est un amas de plusieurs centaines de milliers de colonnes, de forme pentagone, debout et si bien appliquées les unes contre les autres, que, bien qu'il soit aisé de les distinguer l'une de l'autre dans toute leur longueur, elles n'offrent pas entre elles le moindre interstice. Ces colonnes ont à peu près 20 pieds de hauteur au-dessus du rivage de la mer. Toutes ces colonnes forment une véritable chaussée, qui s'étend dans la mer à la distance de 200 mètres, à en juger par ce qu'on en découvre dans les basses eaux. La largeur commune de cette chaussée est de 25 pieds. Dans sa partie supérieure, celle qui touche au rocher, cette largeur diminue, et les colonnes sont un peu inclinées à l'ouest.

La composition de ces colonnes n'est pas moins remarquable que leur arrangement. Elles ne se composent pas d'une seule pierre, mais de plusieurs tronçons qui s'emboîtent les uns dans les autres, la partie supérieure de chaque tronçon ayant une cavité qui reçoit l'extrémité inférieure, de forme convexe, du tronçon superposé. La profondeur de la cavité est d'environ trois pouces. Une particularité non moins étrange, c'est que, bien que les colonnes soient de forme pentagone, les emboîtements sont de forme ronde. Les colonnes elles-mêmes sont inégales entre elles, en forme, de diamètre, en hauteur; mais elles sont si bien unies, elles s'appliquent si bien les unes contre les autres, qu'il n'est pas possible d'introduire la lame d'un canif entre deux colonnes.

On voit des colonnes du même genre sur les rochers voisins de la Chaussée des Géants; on dirait une immense galerie formée par des colonnes de 60 pieds de haut. Cette colonnade est supportée par une assise de pierre noire, très irrégulière, épaisse de 60 pieds. Au-dessous de ce lit de pierre on voit une seconde galerie dont les colonnes ont de 40 à 50 pieds de hauteur. Non loin de là sont d'autres colonnes beaucoup plus élevées dans le milieu que sur les côtés, les unes plus épaisses que les autres. On désigne ces colonnes par le nom d'*orgue*, parce qu'elles ont à peu près la forme d'un orgue d'église.

LE MONTE ROSSO DE PADOUE

A deux lieues environ de Padoue, au sud, s'élève une montagne qu'on appelle *il monte Rosso* (la montagne Rouge). Elle présente un rang de colonnes de basalte, de forme prismatique, perpendiculaire à l'horizon, et assez semblable à l'*orgue* de la Chaussée des Géants dont nous venons de parler. A très peu de distance du mont Rouge est une autre éminence qu'on appelle

5

il monte del Diavolo, pareillement entourée de colonnes de basalte. Mais ici les colonnes sont dans une position oblique à l'horizon et presque rondes ; leur diamètre est à peu près d'un pied; quant à leur hauteur, il n'est pas possible de la déterminer, parce que toute la partie inférieure est enfoncée dans la montagne; celles du mont Rouge ont de 9 à 10 pieds de haut. Les unes et les autres sont formées d'une sorte de basalte commun en Italie, en Auvergne et en d'autres lieux. Il n'est pas rare, surtout en Auvergne et en Vivarais, de voir des montagnes toutes formées de différentes assises de colonnes de basalte.

LA GROTTE DE STAFFA OU DE FINGAL

L'île de Staffa, l'une des Hébrides, repose en grande partie sur des piliers ou colonnes de basalte, et l'on y voit une espèce de caverne ou de grotte qu'on désigne aujourd'hui sous le nom de Fingal, et qu'on peut regarder comme un des plus merveilleux ouvrages de la nature. Malgré sa proximité des côtes de la Grande-Bretagne, cette île et sa grotte étaient à peu près inconnues lorsque sir Joseph Banks entreprit son voyage d'Islande. Ce fut sur les indications que lui donnèrent quelques habitants de l'île de Multl qu'il se rendit à Staffa.

Il vit d'abord de longues colonnades formées de piliers de basalte hauts de 50 pieds, reposant sur une base de roche vive. Quelques-uns sont triangulaires ou quadrangulaires ; il y en a d'autres à cinq faces, le plus grand nombre sont de forme hexagonale. Leur diamètre est de 4 pieds 2 à 3 pouces.

La grotte de Fingal, ainsi nommée parce que les traditions populaires supposent que Fingal composa ses poésies dans cette grotte, s'annonce à l'extérieur par deux rangs de colonnes qui laissent entre eux un espace d'environ 54 pieds anglais [1] ; c'est l'ouverture ou l'entrée de la grotte. Plusieurs rangs de colonnes paraissent supporter la voûte de chaque côté. Cette voûte, qui

[1] Le pied anglais est plus court d'environ un pouce que l'ancien pied français.

semble formée de colonnes dont toute la partie inférieure aurait été brisée, a 117 pieds de haut à l'entrée; mais elle va en s'abaissant vers le sol, de sorte qu'elle n'en a que 70 au fond de la grotte. Elle a, du côté de l'entrée, 53 pieds d'étendue; mais comme les deux côtés de la grotte, dont la longueur depuis l'entrée est de 250 pieds, vont en se rapprochant jusqu'au fond, la voûte en cette partie n'a plus que 20 pieds de large. Par les interstices qui sont entre les colonnes tronquées dont elle est formée, il s'est écoulé une matière jaunâtre, de la nature des stalactites, qui remplit parfaitement les intervalles. Ce qui augmente la magie de ce spectacle, c'est que l'intérieur de la grotte est parfaitement éclairé par le jour qui vient du dehors, et qu'on en distingue très bien toutes les parties. On y respire d'ailleurs un air pur et sain, ce qui vient probablement de ce qu'il est toujours mis en mouvement par le flux et le reflux de la mer.

« Que sont les édifices, que sont les palais construits par les hommes, s'écrie sir Joseph Banks dans sa relation (dont nous ne donnons qu'un abrégé très succinct), si on les compare à ces prodigieux ouvrages de la nature? Ce sont des hochets frivoles, des imitations si imparfaites, qu'ils ne peuvent supporter la moindre comparaison. Que cherche aujourd'hui l'architecte? la régularité; c'est la seule chose dans laquelle il se vante de surpasser la nature. Mais n'est-ce pas la nature qui a fait trouver les premières règles de l'art? Qu'a pu y ajouter toute l'école grecque? un chapiteau pour orner la colonne dont la nature a fourni le modèle. Encore ce chapiteau n'est-il dû qu'à l'imitation d'une touffe d'acanthe. Oh! combien la nature satisfait davantage ceux qui l'étudient dans ses merveilleux ouvrages! »

ILES SORTIES DE LA MER

Les volcans ne produisent pas seulement des basaltes, souvent ils déchirent la surface du globe pour s'ouvrir un passage, ou si les vapeurs que produisent les feux souterrains éprouvent trop de résistance, et ne peuvent briser les couches terrestres, elles les soulèvent, créant ainsi des montagnes nouvelles. C'est surtout dans la mer que les effets des volcans paraissent extraordinaires, et l'on ne peut guère douter que la mer ne renferme une infinité de volcans; si l'on connaît moins bien leur situation, c'est parce qu'ils ne sont pas exposés à nos yeux comme ceux qui se trouvent sur les continents. On ne peut attribuer qu'aux volcans sous-marins l'apparition de certaines îles, tant de nos jours qu'aux époques les plus reculées. Cette apparition a toujours été précédée d'une violente agitation des eaux, de détonations bruyantes et d'éruptions de matières enflammées et de laves. Ces sortes d'îles restent longtemps arides, mais à la longue elles se couvrent de détritus et de terre végétale et deviennent extrêmement fertiles, la décomposition des laves donnant un terrain très riche en potasse. Souvent, après que les convulsions qui ont accompagné leur naissance ont entièrement cessé, on voit des sources d'eau fraîche jaillir du fond de ces créations volcaniques. Quelquefois aussi, après avoir subsisté pendant un temps plus ou moins long, ces îles s'enfoncent dans la mer et disparaissent.

Sénèque assure que de son temps l'île de Thérasie, dans la mer Égée (l'Archipel), sortit de la mer au grand étonnement de plusieurs marins qui passaient dans ces parages. Pline rapporte que treize îles parurent à la fois dans la Méditerranée, sortant de l'eau; mais il n'attribua ce phénomène qu'à la retraite des eaux de la mer. En même temps il parle de l'île d'Hiéra, qui s'éleva du fond de la mer par suite de commotions souterraines, dans le voisinage de l'île de Thérasie. Il fait même mention de plusieurs autres, principalement d'une d'elles où l'on trouva une grande quantité de poissons. Tous ceux qui en mangèrent, ajoute-t-il, moururent empoisonnés. L'île d'Acrotéri, connue aussi des anciens, était toute formée de pierre ponce, ce qui indiquait son origine volcanique. Quatre îles semblables ont été pareillement le produit d'éruptions sous-marines, toutes situées dans l'Archipel en des lieux où la sonde ne trouve pas de fond. La première sortit de l'eau longtemps avant l'ère chrétienne, la seconde au Ier siècle de cette ère, la troisième dans le VIIIe, la quatrième en 1574.

Le 22 mai 1707 on ressentit dans l'Archipel, à l'île de Stanchio, de violentes secousses de tremblement de terre. Le lendemain matin, l'équipage d'un bâtiment aperçut à quelque distance un objet qu'il prit pour les débris d'un vaisseau

Ile sortie de la mer.

naufragé; mais au lieu des restes d'un vaisseau ils ne trouvèrent que des rochers et de la terre. Ils se rendirent de là à l'île Santorini, où ils répandirent la nouvelle de ce qu'ils avaient vu. Plusieurs jours après, la curiosité conduisit quelques habitants de Santorini à l'île nouvelle. Ils reconnurent d'abord une espèce de pierre blanche qu'on pouvait couper avec le couteau, et qui avait la couleur et la consistance du pain. Ils virent aussi des huîtres attachées au rocher. Tandis qu'ils s'occupaient à les prendre, l'île se mit à trembler sous leurs pieds, ce qui les obligea de regagner bien vite leurs bateaux. Au milieu des commotions qui suivirent pendant longtemps ces premières secousses, on vit cette île s'élever, s'accroître, et quelquefois diminuer d'un côté tandis qu'elle augmentait de l'autre; on vit de même des rochers sortir de la mer à peu de distance de l'île, rester quelques jours hors de l'eau, puis s'enfoncer et disparaître; d'autres fois on vit des rochers paraître et disparaître à plusieurs reprises, finir enfin par rester immobiles ou par demeurer sous les eaux. On vit aussi changer la couleur des eaux à plusieurs reprises, et passer du vert au rouge, du rouge au jaune, et exhaler des vapeurs sulfureuses dont la puanteur se fit sentir jusqu'à l'île Santorini. Deux à trois jours après, l'île nouvelle parut tout en feu, et il se répandit au loin une odeur si infecte, que les habitants de Santorini furent obligés d'allumer des feux dans les rues et de brûler des parfums dans leurs maisons.

Durant tous les mois de juillet, d'août, de septembre, et même jusqu'au mois de juin de l'année suivante, les mêmes accidents se renouvelèrent. Il y eut de plus fortes et plus fréquentes détonations, des éruptions volcaniques, des quartiers de rochers lancés au loin, des laves coulant dans la mer. Ce fut dans les mois d'avril et de mai 1708 que l'île parut le plus tourmentée. A la fin de mai et dans le courant de juin, les symptômes perdirent peu à peu de leur violence, et l'île sembla être définitivement constituée. Toutefois le volcan qui s'y était formé continua de brûler. Ce ne fut qu'au bout de plusieurs années que, le feu et la fumée diminuant progressivement, on put espérer que le volcan finirait par s'éteindre. Seulement on remarqua que l'île s'était accrue. Un voyageur qui a passé près de cette île en 1811 dit qu'elle a l'aspect d'une masse énorme de roche; il ajoute qu'elle n'est ni habitée ni habitable, bien que depuis longtemps le volcan ait cessé de brûler.

ILE SABRINA PRÈS DE TERCEIRE

Un violent tremblement de terre se fit sentir à Terceire, l'une des Açores, en 1720; à la suite du terrible phénomène, une île nouvelle parut à peu de distance; il en sortit d'épaisses colonnes de fumée. Le pilote d'un navire qui tenta de s'en approcher ne trouva pas de fond avec une ligne de 60 brasses. Cette île, après avoir passé quelques années au-dessus de l'eau, finit par s'abaisser peu à peu et par disparaître entièrement.

Il est fait mention, dans les Transactions de la Société royale de Londres pour l'an 1812, d'un fait du même genre arrivé l'année précédente, à peu près dans les mêmes parages. Le sloop anglais *le Sabrina,* sous les ordres du capitaine du Tillard, se trouvait le 12 juin 1811 dans les eaux de l'île Saint-Michel, une des Açores. L'équipage entier aperçut d'abord des tourbillons de fumée qui s'élevaient dans les airs, et bientôt après une pluie de cendre et de pierres brûlantes. D'après les renseignements que le capitaine avait reçus à Lisbonne avant son départ, il pensa que cette fumée sortait du volcan qui s'était formé au milieu de la mer dans le mois de janvier précédent. Il en acquit la certitude quand il eut pris terre aux Açores et que, pour examiner de près le phénomène, il se rendit deux à trois jours après à l'île Saint-Michel avec M. Read, consul anglais, et deux ou trois autres personnages. Ce fut de la cime d'un rocher haut de 300 à 400 pieds qu'il put examiner le volcan et assister à la naissance de l'île, à laquelle il donna plus tard le nom de *Sabrina,* que portait son navire.

« Qu'on se figure, dit-il, une masse immense de fumée sortant de la mer, dont les vagues, agitées par une forte brise, bouillonnaient alentour. Tantôt elle avait l'apparence d'un épais nuage roulant sur les eaux, comme une roue qui tourne horizontalement; tantôt, poussée par le vent, elle en suivait peu à peu la direction. Tout à coup on vit s'élever en forme de spirale une colonne de cendres, de charbons mal éteints et de pierres.

Après cette première éruption il y en eut une seconde, et successivement plusieurs autres, qui semblaient se poursuivre dans les airs et qui s'élevaient bien au-dessus de nous.

« Quand la force d'impulsion venait à manquer à ces matières, elles retombaient mêlées avec des cendres et quelques flocons de fumée, qui ressemblaient tantôt à des faisceaux de plumes blanches et noires, tantôt aux branches ondulées du saule pleureur.

« Peu de temps après que nous eûmes quitté le rocher d'où nous contemplions cette scène extraordinaire, un insulaire qui nous accompagnait dit qu'il apercevait un pic sortant de l'eau; nous regardâmes du côté qu'il indiquait, mais nous n'aperçûmes rien. Toutefois une demi-heure s'était à peine écoulée que le pic se fit voir très distinctement, et trois heures après il s'était formé un cratère haut d'environ 20 pieds au-dessus de l'eau; l'ouverture semblait avoir 400 à 500 pieds de diamètre. L'éruption était accompagnée de détonations nombreuses, semblables à des décharges continuelles d'artillerie et de mousqueterie. »

Quinze à vingt jours plus tard, le capitaine du Tillard s'approcha de l'île nouvelle. Il sortait encore quelque fumée du cratère; mais il n'en sortait plus de feu. Le résultat de ses remarques fut que cette île, toute composée de débris de roche, n'avait pas plus d'un mille de circonférence; que le cratère, du côté qui faisait face à l'île Saint-Michel, était à peu près au niveau de la mer, de sorte qu'au moment du flux il s'emplissait d'eau; que du côté opposé l'île s'élevait en pente très raide à la hauteur de 60 à 80 pieds; qu'à la partie la plus basse du cratère il y avait, à la distance d'environ deux milles, une éminence de 25 à 30 pieds de haut, qui tenait à l'île par une espèce de chaussée formée de laves et de scories, longue d'environ 60 pieds; ce qui lui a fait présumer qu'au moment de la formation de l'île elle avait été divisée en deux par le choc des vagues. Le capitaine monta non sans peine au sommet de ce rocher, et il planta un pieu auquel il attacha une bouteille qui contenait une relation abrégée de la naissance de cette île et mention du nom qu'il lui avait donné. Dès le mois d'octobre suivant, l'île Sabrina s'est peu à peu enfoncée dans la mer, et elle a fini par disparaître sous les eaux, ne laissant à sa place qu'un bas-fond; quelques mois après, on vit encore de la fumée sortir de l'eau.

Le premier phénomène de ce genre qui ait été étudié d'une manière scientifique est celui qui se produisit, en 1831, dans la Méditerranée, à 50 kilomètres de la côte de Sicile, par un fond de 100 brasses d'eau. Au mois de juin il en émergea un îlot d'où sortaient des matières volcaniques et d'énormes colonnes de vapeur. L'île continua de s'accroître et atteignit une circonférence de 5 kilomètres, sur une hauteur variable de 15 à 25 mètres.

Le diamètre du cratère était de 200 mètres. Les ballons de vapeur d'eau et les autres déjections qui en sortaient composaient une colonne lumineuse dont la hauteur dépassait 600 mètres. De temps en temps cette colonne tourbillonnante était traversée par un jet de scories noires, rapide comme l'éclair. Le phénomène revêtait sa plus grande magnificence dans les éruptions de matières solides. Une colonne de fumée noire montait du cratère, sombre et menaçante, et s'épanouissait en gerbe : dans cette colonne on voyait danser et tourbillonner des cendres, de petites pierres, des blocs, qui traînaient après eux une queue de sable noir, comme des comètes infernales, et retombaient ensuite dans les eaux en en portant la température jusqu'à l'ébullition. Quand l'éruption se fut calmée, on constata que l'île était entièrement formée de matières volcaniques incohérentes, de scories et de ponces.

L'île Ferdinanda (c'est un des sept noms qu'on lui donna à l'envi) subsista très peu de temps. Un jour elle disparut, et à la place qu'elle occupait on ne trouva qu'un gouffre profond. Quelques navigateurs assurent qu'en cet endroit le fond de la mer se relève sensiblement depuis plusieurs années, et peut-être verrons-nous renaître l'îlot englouti.

Des journaux ont publié, il y a environ quarante ans, que l'île de Juan-Fernandez, si fameuse par le séjour forcé qu'y fit le matelot Selkirk, qu'on y avait abandonné, et dont l'aventure a donné l'idée de Robinson Crusoé, après avoir subsisté depuis un temps immémorial, avait été submergée, et qu'elle avait complètement disparu sous les eaux.

LE VOLCAN D'ALBAY, AUX PHILIPPINES

L'extrait que nous offrons ici à nos lecteurs nous a été fourni par un voyageur espagnol qui a fait plusieurs fois le voyage des îles Philippines.

« A peine commencions-nous à nous éloigner de Capul, que nous aperçûmes à l'horizon une épaisse fumée qui s'élevait dans les airs en tourbillonnant : c'était le volcan d'Albay dans la province de Canarine, dans la partie méridionale de l'île de Luçon, vis-à-vis de l'île de Samar. Ce volcan, me dit le capitaine, vomit toujours de la fumée, souvent des flammes. L'éruption du 1er janvier 1814 fut terrible et causa des dommages immenses. Toute la campagne d'alentour est couverte de pierres calcinées, de laves, de basaltes, de matières sulfureuses. Il en sort plusieurs sources d'eau chaude, dont quelques-unes ont la propriété de pétrifier les corps qu'on y jette. On l'aperçoit de bien loin en venant du Mexique, et c'est, pour ainsi dire, un phare placé par la nature à l'entrée de la passe de Samar, que la violence des courants rend assez difficile.

« Nous parvînmes enfin à la pleine mer, que, je ne sais pourquoi, on appelle mer Pacifique, puisqu'elle est le séjour des tempêtes. Dès l'entrée de la nuit, je vis un magnifique spectacle se dérouler sous mes yeux. Tantôt c'était une nappe de feu qui entourait le vaisseau et s'étendait jusqu'à l'horizon; tantôt on eût dit que des milliers d'étoiles s'élançaient du fond des eaux. Quelquefois des faisceaux éclatants de lumière semblaient se reposer sur le dos des vagues; d'autres fois le vent les poussait dans diverses directions, et le vaisseau laissait après lui comme une longue traînée de flammes. A l'aspect de cette merveilleuse phosphorescence, je me sentais pénétré d'une admiration qui tenait d'un côté à la contemplation de l'infini, et de l'autre à la conviction de la petitesse de l'homme jeté au milieu de ces grands accidents de la nature qui attestent la toute-puissance de son créateur.

« Bientôt après, tournant mes regards vers Albay, j'aperçus le volcan tout en feu. Il n'est rien sur la terre de plus imposant ni de plus terrible. La crainte secrète qu'on éprouve vient moins de l'idée d'un péril réel que d'un sentiment profond de respect religieux et presque d'abnégation de soi-même. Le voyageur en péril, le navigateur luttant contre l'orage, calculent les chances de salut qui leur restent, et l'espérance est dans leur cœur à côté de la crainte; mais entre ces deux passions qui les agitent, leurs pensées ne se rapportent qu'à eux : ils sont eux seuls l'objet de leur sollicitude. Ici le spectateur éprouve d'autres sensations : son attention se fixe à l'idée de la puissance et de l'infini ; ses propres intérêts se taisent devant les grands tableaux qui se déploient. Ces colonnes de feu qui montent du sein de la terre ; cette lave, ces débris qui retombent en pluie; ces vastes mugissements de la montagne, auxquels la nuit prête son silence : tout parle aux sens, tout étonne la raison, tout confond l'orgueil humain ; l'imagination même n'a pas de couleur pour peindre la réalité. Quel est celui qui, dans ce moment sublime, ne se prosterne devant le Maître de la nature et des éléments, devant Celui dont la main créatrice creusa ces gouffres souterrains, d'où la matière embrasée s'échappe en torrents, d'où le feu s'élance en gerbes de lumière rivale du soleil. »

TREMBLEMENTS DE TERRE

Les tremblements de terre ont trop de connexité avec les volcans pour qu'on ne pense pas qu'ils sont produits par la même cause; cette conjecture paraît du moins très probable. Souvent les tremblements de terre se lient aux éruptions volcaniques, et dans ce cas ils n'agitent que les contrées voisines des cratères; quelquefois leurs secousses ébranlent de vastes régions, et leur action se propage à de grandes distances avec une immense vitesse. Quand un pays est sujet aux tremblements, il ne faut pour les faire cesser que la formation d'un volcan. Alors du moins ce n'est plus que dans les éruptions volcaniques très violentes que leurs secousses se font sentir.

Ce phénomène s'annonce, comme les éruptions d'un volcan, par des mugissements souterrains, des vapeurs gazeuses, des détonations sourdes. On remarque surtout chez les animaux une grande agitation ; il est probable que c'est de quelque gaz qui s'exhale du sol que leurs organes sont affectés. En quelques occasions l'atmosphère semble imprégnée de soufre, des flammes légères se montrent sur les eaux ou au milieu des vallées. Là où les flammes ont paru on ne remarque sur le sol aucune crevasse; ce qui prouve qu'elles ne sont produites que par des gaz très subtils que le sol laisse échapper par ses pores. Si les flammes s'élèvent du milieu des prairies, l'herbe n'est ni brûlée ni endommagée; ce qui fait voir encore que ces gaz ne s'enflamment que par leur combinaison avec l'air, qu'ils ne brûlent pas dès leur sortie, parce qu'ils ne trouvent pas dans les plus basses couches de l'air assez de principes capables d'opérer l'embrasement.

Le bruit souvent effrayant qu'on entend sur le sol ébranlé confirme l'opinion qui attribue l'ébranlement à l'effort des gaz emprisonnés. Dans les ouvertures qui se forment par l'effet des secousses, on voit assez communément l'eau et le sable jaillir à une grande hauteur. Cette force de projection n'est communiquée sans doute à ces matières que par des fluides élastiques qui cherchent à se mettre en liberté. Ces bruits souterrains tantôt précèdent les secousses, et tantôt les suivent; souvent même ils se font entendre plusieurs mois de suite sans qu'il y ait aucune commotion.

On éprouve souvent des oscillations au fond des mines sans rien ressentir à la surface du sol; quelquefois les oscillations se communiquent des roches à la terre; d'autres fois, au contraire, les roches s'opposent à la propagation des secousses.

On a cru que l'électricité cause seule les volcans et les tremblements de terre; les progrès de la géologie ont fait proscrire ce système. Quelque puissance que le fluide électrique exerce dans la nature, il ne faut pas croire pourtant que ce soit lui qui produise tous les phénomènes qui nous étonnent ou nous épouvantent. On ne peut douter cependant que l'électricité ne se dégage en abondance dans les phénomènes des vol-

Tremblement de terre.

cans et des tremblements de terre, puisque ces derniers font varier l'aiguille aimantée, et que par conséquent ils ont une action sur le fluide magnétique, dont les rapports avec le fluide électrique sont regardés aujourd'hui comme incontestables.

POISSONS VIVANT DANS LES EAUX SOUTERRAINES

Les secousses des tremblements de terre sont quelquefois accompagnées d'éruptions de flammes; souvent elles font jaillir du sol des eaux boueuses, fangeuses, chargées de débris de matières qui n'ont entre elles aucun rapport. En 1698, on vit s'affaisser un des pics des Andes de Quito, et cette masse énorme, en s'enfonçant dans la terre, en fit sortir un tel volume d'eau, que quatre à cinq lieues de pays en furent totalement inondées, et qu'il se forma un marais qui subsiste encore. Ce qu'il y eut de plus singulier, ce fut de voir sortir avec les eaux des milliers de petits poissons vivants. Cette espèce de poisson, qui abonde dans les rivières de la contrée de Quito, paraît aussi habiter dans les lacs souterrains; car il arrive souvent qu'à la suite des tremblements et même des éruptions volcaniques dans cette province, les eaux qui sortent de la terre entraînent des quantités prodigieuses de ces petits poissons.

JETS D'EAU BOURBEUSE

En quelques occasions, même sans qu'il y ait de secousses, on voit monter du sol des colonnes d'eau bourbeuse qui, par le dépôt successif des limons qu'elles entraînent, forment autour des ouvertures de petits cônes argileux. Ces jets d'eau s'élèvent jusqu'à 80 et 90 pieds; ils sortent avec tant de violence, qu'ils enlèvent souvent des blocs de pierre très lourds.

Nous avons parlé des geysers de l'Islande. Le grand geyser se distingue des autres par la limpidité et la clarté de ses eaux.

LES CAUSES DES TREMBLEMENTS DE TERRE

A quelle cause faut-il attribuer ces brusques commotions qui secouent violemment le sol et ces mouvements plus lents qui l'élèvent ou l'abaissent? On admet généralement aujourd'hui que dans l'origine notre globe était à l'état de fusion ignée, et que le centre conserve encore une grande partie de sa chaleur primitive. La matière en liquéfaction venant à se refroidir graduellement, les éléments les moins fusibles se condensèrent, passèrent à l'état pâteux, puis à l'état solide. Il se forma ainsi peu à peu une sorte de croûte qui enveloppa entièrement le noyau igné, et emprisonna derrière une mince cloison une puissance formidable.

On a cherché à déterminer par l'observation la distance à laquelle doit se trouver sous nos pieds cette mer de feu et de métaux fondus. Admettons, pour la facilité du calcul, que l'accroissement de la chaleur interne est d'un degré pour 25 mètres de profondeur, et voyons à quels résultats cette donnée peut nous conduire. Nous trouverons la température de l'eau bouillante à deux kilomètres et demi de la surface du sol; à 20 kilomètres on rencontrera 800 degrés, température à laquelle se fondent la plupart des métaux et des roches; enfin entre 75 et 100 kilomètres, avec une température de 3,000 à 4,000 degrés, à laquelle rien ne saurait résister, les roches les plus réfractaires seraient en pleine fusion.

Nous ne sommes donc séparés, selon toute vraisemblance, de cette mer de feu que par une croûte d'environ 100 kilomètres d'épaisseur. Tâchons de nous représenter, avec des mesures qui soient plus à notre portée, les éléments de cette question. Si nous admettons une sphère d'un mètre de diamètre, l'épaisseur totale de l'enveloppe solide ne sera guère que de seize millimètres, et les plus hautes montagnes ne formeront sur cette mince couche que de faibles protubérances d'un millimètre, tout à fait insensibles à l'œil. A l'intérieur, il y aura une cavité de plus de 96 centimètres de diamètre.

Telles sont les véritables relations qui existent entre les diverses parties, solides et fluides, qui constituent notre globe. Comprend-on maintenant de quelle flexibilité doit être douée cette mince enveloppe, et quels mouvements convulsifs doivent l'agiter quand elle reçoit les énormes coups de bélier de la masse intérieure?

Sans recourir à une hypothèse si grandiose et si simple à la fois, Ampère a admis qu'il existe dans l'intérieur des couches du sol d'immenses cavernes; qu'il s'y produit, par le seul effet de la pesanteur, d'effroyables effondrements; de là les bruits souterrains, les commotions violentes du sol, les affaissements d'une vaste étendue de pays. Cette explication peut être admise pour quelques tremblements de terre locaux; mais elle ne saurait rendre compte de ces prodigieux phénomènes qui ébranlent toute une région et qui se font sentir à une grande distance de leur point de départ en suivant un arc de grand cercle. Dans ce dernier cas, l'hypothèse du feu central est seule admissible.

ANCIENS TREMBLEMENTS DE TERRE

LES PLUS REMARQUABLES

Il serait beaucoup trop long de nommer ici tous les tremblements de terre qui ont eu lieu depuis que l'histoire se montre dégagée des fictions et des fables, c'est-à-dire depuis environ vingt siècles ; nous nous contenterons de désigner ceux dont les effets ont été le mieux observés ou le plus désastreux.

Pline, dans son *Histoire naturelle*, et d'autres écrivains avec lui font mention d'un tremblement de terre à la suite duquel treize villes de l'Asie Mineure furent renversées et englouties dans la terre entr'ouverte. Sous le consulat de L. Marius et de Sextus Julius, il y eut des secousses si violentes, que deux montagnes se heurtèrent avec bruit et se retirèrent avec non moins de fracas. Dans le même temps on vit des jets de flammes et des tourbillons de fumée s'élever dans les airs. Sous le règne de Trajan, la ville d'Antioche fut détruite de fond en comble, et 300 ans plus tard, sous le règne de Justinien, cette ville fut de nouveau renversée, et quarante mille habitants restèrent sous ses ruines. Soixante ans après, cette malheureuse ville, à peine rétablie, fut de nouveau renversée, et soixante mille habitants périrent. Vers le commencement du IIIe siècle avant Jésus-Christ, un tremblement de terre renversa le colosse de Rhodes, et détruisit, avec l'arsenal, la plus grande partie des remparts de la ville. En 1182, un grand nombre de villes de la Syrie et du royaume de Jérusalem[1] eurent le sort d'Antioche.

TREMBLEMENTS DE TERRE DE LISBONNE

La ville de Lisbonne avait déjà ressenti en 1531 les terribles effets d'un tremblement de terre, lorsque celui de 1755 y vint jeter la désolation et la ruine. La première secousse eut lieu le 1er novembre à neuf heures quarante minutes du matin; elle ne dura guère que six secondes; mais elle fut si violente, que presque toutes les églises furent renversées, ainsi que leurs clochers. Le palais du roi, le bâtiment de l'Opéra, la plupart des édifices eurent le même sort. Le tiers des maisons particulières fut pareillement renversé, et trente mille habitants périrent écrasés sous les décombres.

Cette première secousse fut suivie de deux ou trois autres dans l'espace de cinq à six minutes. Deux heures après le feu se manifesta dans trois endroits différents de la ville, et ce nouveau désastre acheva la ruine de cette malheureuse cité, dont une grande partie fut réduite en cendres. Pour comble de malheur, le flux s'éleva, dit-on, à 40 et même à 50 pieds au-dessus des plus hautes marées. Heureusement le reflux eut lieu presque immédiatement; cela sauva la ville d'une submersion totale. Tout un quai nouvellement construit fut englouti par les eaux, entraînant quatre à cinq cents per-

[1] Fondé par les croisés, sous les ordres de Godefroy de Bouillon.

sonnes qui s'y trouvaient, et dont on n'a jamais retrouvé les cadavres.

Ce tremblement de terre ne fut pas seulement fatal à la ville de Lisbonne; plusieurs villes d'Afrique furent en partie renversées. La commotion s'étendit sur toute la côte occidentale de l'Espagne; à Madrid, à Funchal dans l'île de Madère, à Cadix, on ressentit les atteintes de ce terrible phénomène. On assure même qu'on en éprouva les effets jusque dans la Norvège et la Suède.

TREMBLEMENT DE TERRE DE LA CALABRE

Le 24 février 1763, un tremblement de terre désola les deux Calabres et une partie de la Sicile. La ville de Messine fut à moitié ruinée. De nouvelles secousses qui eurent lieu jusqu'au 1er mars suivant ajoutèrent aux dommages occasionnés par la première. Des montagnes se fendirent, d'autres s'enfoncèrent dans la terre, des vallées furent comblées de détritus. Beaucoup d'habitants perdirent la vie, soit par la chute des édifices, soit dans les abîmes qui s'ouvraient sous leurs pas.

Deux particularités curieuses eurent lieu dans la Calabre. Il y avait près des ruines de l'ancienne Oppido une éminence sablonneuse et crayeuse d'environ 300 mètres de circonférence et 125 de hauteur. Cette éminence fut transportée dans la plaine de Bassano, à une grande lieue de distance. La montagne sur laquelle se voyaient les restes d'Oppido se divisa en deux parts; comme elle était située entre deux rivières, ses débris en comblèrent le lit, ce qui forma deux lacs qui se sont considérablement agrandis.

Beaucoup d'habitants des campagnes durent leur salut aux avertissements que leur donnèrent le hennissement des chevaux, le beuglement des bœufs, le braiement des ânes et le gloussement des oies. Tous ces animaux sentaient les approches des secousses, et, par un admirable instinct, ils se couchaient sur le dos ou sur le côté pour ne pas être renversés. Avertis par ces signes, hommes et femmes se hâtèrent de sortir de leurs maisons.

Deux cochons étaient restés ensevelis à Sorriano sous un

Tour de Terra-Nova (tremblement de terre de la Calabre).

monceau de ruines; on les en tira au bout de quarante-deux jours; ils vivaient encore.

Sir W. Hamilton, qui visita les lieux avec beaucoup de soin, acquit, par le témoignage universel des habitants, confirmé par celui de ses propres yeux, la conviction que beaucoup de portions de terrains avaient été transportées à de grandes distances; une partie du village de Polystène coule dans un ravin avec les maisons, il est vrai, renversées, qui s'y trouvaient construites. Plusieurs habitants de ces maisons, entraînés avec elles, furent retirés vivants du milieu des décombres, la plupart sains et saufs. Un terrain de plusieurs hectares, couvert d'arbres et de blé, situé près de Terra-Nova, fut poussé dans un ravin, sans qu'aucun arbre eût été renversé ou déraciné. Sir William assure au surplus que tant dans la Calabre que dans la Sicile, et principalement à Reggio et à Messine, le sol était brûlant dans beaucoup d'endroits, et que des tourbillons de flammes sortirent de la terre. Beaucoup de jets d'eau chaude se formèrent; la mer bouillonnait avec force près de Messine. Il y avait dans le village de Maïda un puits dont l'eau était excellente; très peu de temps avant la secousse elle prit un goût très prononcé de soufre. Du côté de l'Italie, toute éruption volcanique avait cessé quelque temps avant le 5 février; en Sicile, au contraire, l'Etna avait vomi beaucoup de matières; il en fut de même du volcan de Stromboli.

DU FEU, OU CALORIQUE

Les physiciens et les savants regardent le feu comme l'agent et la cause de tous les phénomènes dont nous venons de parler. Il est donc naturel de nous arrêter quelques instants sur le feu pour en connaître la nature et les effets.

Le feu, disait-on encore au XVIIIe siècle, est un corps composé de matières subtiles et de particules grossières, qui, mises en mouvement par la matière subtile, produisent la chaleur et même l'inflammation. Les physiciens aujourd'hui donnent le nom de feu au phénomène de l'embrasement des corps. On pense que la lumière et le calorique ne forment que deux modifications d'une seule et même substance.

Le frottement est une source inépuisable de chaleur. Cette observation a conduit à penser que par le frottement il s'opère dans les molécules des corps en contact un mouvement de vibration trop faible pour faire naître la lumière, mais assez fort pour donner la chaleur.

Toutes les observations faites sur la lumière s'appliquent parfaitement à la chaleur rayonnante, c'est-à-dire qui vient directement d'un corps lumineux, comme le soleil. Cette chaleur, ainsi que la lumière, se réfléchit sur la surface des corps polis, en produisant un angle de réflexion égal à l'angle d'incidence. L'une et l'autre, soumises à la réfraction, offrent des résultats semblables. Il a été démontré que la chaleur se polarise; c'est aussi ce que fait la lumière. M. Arago a reconnu que la chaleur ajoutée à la chaleur pouvait produire le froid, la lumière ajoutée à de la lumière peut produire l'ombre. De là on peut conclure que le principe de la chaleur est identiquement le même que celui de la lumière.

Le calorique est un fluide élastique subtil au plus haut degré; il n'a ni pesanteur ni forme sensible. Il est répandu dans tout l'univers, renfermé dans chaque partie dont cet univers se compose. Il tend constamment, comme les autres fluides, à se mettre en équilibre partout où il se trouve, à moins qu'il ne soit pas libre, ce qui a lieu lorsqu'il est combiné avec d'autres substances. La nature paraît inaltérable, il ne peut perdre sa fluidité, et c'est sa présence dans les autres corps, à des degrés plus ou moins élevés, qui rend ces corps eux-mêmes fluides en obligeant leurs molécules à se séparer, ce qui leur fait perdre leur adhérence.

Le calorique seul échauffe les corps; mais il ne suffit pas pour les brûler. La combustion exige la présence de l'oxygène, et sa combinaison avec une matière combustible.

Les rayons solaires échauffent tous les corps qu'ils touchent. Mais pour que la chaleur produite par ses rayons puisse brûler, il faut qu'ils soient réunis en grand nombre sur le même point.

Le frottement produit la chaleur. Si le frottement produit une chaleur très forte, l'embrasement a lieu.

La fermentation produit la chaleur par la combinaison de la matière fermentescible avec l'oxygène de l'air, et quelquefois la fermentation amène l'embrasement. La putréfaction des corps produit fermentation et quelquefois embrasement, ce qui arrive si les parties de ces corps, mises en mouvement par le calorique qui se dégage, se combinent avec l'oxygène.

La collision de deux corps solides produit la chaleur, et, si elle est forte et prolongée, l'embrasement. Deux morceaux de bambou frottés l'un contre l'autre ont longtemps suffi aux insulaires de la mer du Sud pour obtenir du feu.

Au reste, pour que l'embrasement ait lieu, il faut que le corps combustible ait acquis déjà une certaine chaleur. Dès que l'embrasement a eu lieu, on en augmente l'activité en dirigeant un courant sur le corps qui brûle, tel que celui qui sort d'un soufflet. Ce courant d'air introduit dans la flamme une plus grande quantité de gaz propre à la combustion, c'est-à-dire d'oxygène.

DE LA LUMIÈRE

On désigne par le nom de lumière un fluide subtil, élastique, colorant, qui suivant les uns remplit tout l'univers, suivant les autres émane des corps lumineux.

C'est le Hollandais S'Gravesande qui a le premier soutenu que le principe de la lumière est le même que celui de la chaleur, mais diversement modifié. La différence qui existe, dit-il, entre les deux fluides n'est causée que par le mouvement direct ou irrégulier des rayons. Si les rayons se meuvent en ligne droite, le fluide n'est que lumineux; si le mouvement est irrégulier, le fluide devient le principe du feu. S'Gravesande confirmait sa théorie par l'expérience. « Rassemblez, dit-il, les rayons solaires au moyen d'une lentille : le point lumineux n'échauffe point les corps qui sont près de lui; mais si un corps quelconque entre dans le foyer, une vive chaleur se répand aussitôt alentour. » A l'objection que, si la lumière et la chaleur n'étaient qu'un seul et même fluide, on ne trouverait jamais l'un sans l'autre, S'Gravesande répond que la lumière peut être tellement raréfiée, que nous ne saurions l'apercevoir et que la chaleur peut descendre à un degré tel, que nos sens ne peuvent la mesurer; car, en général, la chaleur des corps n'est guère sensible pour nous que lorsqu'elle excède celle de nos propres organes.

Descartes, et après lui Huyghens, ont pensé que la matière de la lumière remplit l'espace, et qu'elle se compose de particules très dures et globuleuses, ce qui les rend élastiques. Le mouvement des corps lumineux fait *vibrer* cette matière, à peu près comme le choc d'un corps solide fait vibrer le corps sonore. On adopte aujourd'hui ce système. La lumière, dit-on, ne vient pas du soleil; mais elle existe dans l'espace, de même que l'électricité réside dans tous les corps. L'une et l'autre n'ont besoin que d'être excitées pour se manifester, et les astres que nous appelons lumineux ont la propriété de produire cette excitation.

Les newtoniens soutiennent de leur côté que la lumière est une *émanation* des corps lumineux. L'inconvénient que ce système présente, c'est l'inconcevable rapidité des rayons dans leur marche, rapidité qui, dit-on, doit être six cent mille fois plus grande que celle du son, qui parcourt 173 toises par seconde.

Le système de Descartes, aujourd'hui universellement adopté, est fondé sur une foule d'expériences. Une des plus concluantes est celle-ci : quand deux miroirs *plans* sont présentés à la lumière de sorte que les rayons qu'ils réfléchissent soient à peu près dans la même direction, ces rayons produisent au point de leur coïncidence une obscurité absolue, si la différence de longueur des deux rayons est égale, par exemple, à la moitié de la six cent cinquante-cinq millionième partie d'un millimètre; et au contraire, ils produisent au même point d'incidence une lumière d'une intensité double, si leur différence de longueur est exactement de la six cent cinquante-cinq millionième partie d'un millimètre.

Le premier résultat est inexplicable dans l'hypothèse des newtoniens, qui prétendent que la lumière est une *émanation* des corps lumineux, tandis que l'on peut aisément en rendre compte dans la théorie ondulatoire de la lumière. En effet, si l'on conçoit le fluide éthéré s'élevant et s'abaissant alternativement en forme de petits creux et de petites élévations, à la manière d'une eau tranquille dans laquelle on a jeté une pierre, deux ondes lumineuses dont les élévations se combinent produiront une élévation d'une grandeur double, et par conséquent une lumière d'un éclat double aussi ; mais si une ondulation précède l'autre de la moitié d'une ondulation, le creux de l'une se trouvera rempli par l'élévation de l'autre, ou autrement l'élévation de l'une coïncidera avec l'abaissement de l'autre, et réciproquement : de sorte que les ondulations se neutraliseront, se détruiront l'une l'autre, et il en résultera une obscurité complète.

Ainsi se trouve justifié, par la science moderne, ce passage des livres saints où il est dit qu'au commencement Dieu créa la lumière avant de créer le soleil. Au milieu des merveilles qui passent sous nos yeux, nous trouvons sans cesse de nouveaux motifs pour admirer l'œuvre du Créateur, qui n'eut besoin que d'un mot pour produire ce que nous ne pouvons concevoir.

DES PHOSPHORES

On désigne par le nom de *phosphores* des corps naturels ou artificiels qui produisent de la lumière, surtout la nuit. On range dans la première classe les vers luisants, le bois pourri, le poisson qui se corrompt, les yeux de chat, le poil de leur dos frotté à rebours par un temps sec, etc. Dans la seconde classe, on compte le salpêtre raffiné, le beau sucre, le soufre, etc.

Il existe aux Antilles une grosse mouche luisante qui donne la nuit tant de lumière, que les voyageurs s'en servent pour s'éclairer dans leur route. On raconte quelque chose de semblable des vers luisants de l'Inde. En général, dès que ces insectes sont morts ils cessent de briller.

Pour tirer des étincelles du sucre, du salpêtre, du soufre, il suffit de les frotter fortement dans l'obscurité. Un baromètre à mercure est lumineux pendant la nuit, quand on le secoue, si le tube a été bien vidé d'air et si le mercure lui-même a été purgé par la filtration de toute impureté, et, par l'action du feu, de l'air qu'il contenait. Du linge blanc bien chauffé, et ensuite enfermé dans un lieu sec, déplié la nuit et frotté légèrement avec la main, manifeste de véritables qualités phosphoriques ; car il produit de nombreuses et brillantes étincelles.

On trouve aux environs de Bologne, en Italie, une pierre qui, après calcination, exposée pendant longtemps au grand jour, brille ensuite dans l'obscurité. On supplée à la pierre de Bologne par la pierre à chaux, le marbre, le silex, les écailles d'huîtres, les os d'animaux et même les coquilles d'œufs. On place dans un creuset, sur un feu de forge, une portion quelconque de ces matières. Au bout d'une heure, on la retire pour la porter dans un lieu obscur. On a obtenu par ce moyen un véritable phosphore.

La cendre de bois dissoute dans l'eau-forte, évaporée et desséchée, placée ensuite dans un creuset, sur un feu doux, donne encore un phosphore très brillant.

A proprement parler, les corps que nous venons de mentionner ne sont pas des phosphores, ils sont seulement *phosphorescents*, c'est-à-dire qu'ils émettent de la lumière dans l'obscurité. Le *phosphore* proprement dit est un corps simple, découvert en 1699 par Brandt, alchimiste de Hambourg, qui l'obtint par la calcination des résidus de l'évaporation de l'urine. En 1769, deux autres chimistes découvrirent que le phosphore est contenu en grande quantité dans les os des animaux, et donnèrent le moyen de l'en extraire.

Le phosphore a une grande affinité pour l'oxygène; il subit au contact de l'air une combustion lente, même à la température ordinaire. Un bâton de cette substance, exposé à l'air, est toujours enveloppé d'une légère fumée qui se renouvelle incessamment; cette fumée est lumineuse dans l'obscurité. C'est cette propriété du phosphore qui lui a fait donner son nom. Si l'exposition à l'air se prolonge longtemps, le morceau de phosphore diminue d'une manière très sensible, et il finirait même par disparaître entièrement, si la durée de l'exposition était suffisante.

Les allumettes phosphoriques, ou *allumettes chimiques*, sont des allumettes soufrées ordinaires, à l'extrémité desquelles on a fait adhérer une petite quantité d'une pâte phosphorée qui prend feu par la simple friction contre un corps dur.

DE L'ÉLECTRICITÉ

Lorsqu'on frotte un bâton de verre avec une étoffe de laine, il acquiert la propriété d'attirer les corps légers, tels que la poussière, les barbes de plume, les petits morceaux de papier ou de moelle de sureau; le soufre, l'ambre jaune, la cire d'Espagne et plusieurs autres substances acquièrent la même propriété par le frottement. Ce phénomène d'attraction est dû à un agent particulier; on l'a désigné sous le nom d'*électricité,* d'un mot grec qui signifie *ambre,* parce que la propriété attractive a été observée pour la première fois dans cette substance.

Les attractions électriques sont d'autant plus énergiques que le frottement est plus rapide et que les surfaces frottées sont plus étendues. On peut même, en frottant vivement un bâton de cire d'Espagne, lui donner une assez forte charge d'électricité pour en faire jaillir plusieurs étincelles dès qu'on en approche le doigt.

Certains corps s'électrisent au même instant dans toutes leurs parties; d'autres, au contraire, conservent presque entièrement l'électricité au point où elle a été développée; les premiers sont appelés *bons conducteurs,* et les seconds *mauvais conducteurs.*

Un corps léger, après avoir été d'abord attiré par un corps électrisé, le verre frotté, par exemple, en est ensuite repoussé, et cette répulsion dure tant qu'il n'a pas perdu l'électricité qui lui a été communiquée; au contraire, dans ce cas, ce même corps est attiré par la résine électrisée. De ce fait on a conclu qu'il y a deux espèces d'électricité: l'électricité *positive* ou *vitrée*, et l'électricité *négative* ou *résineuse;* et l'on a établi cette loi: *les électricités de même nom se repoussent, les électricités de nom contraire s'attirent.*

On admet assez généralement aujourd'hui que la matière de l'électricité est la même que celle de la lumière et de la chaleur; car, comme l'une, elle s'épanche en jets de lumière, et, comme l'autre, elle brûle, elle enflamme, elle fond les métaux. Ajoutons qu'elle ne diffère du fluide magnétique que par certaines modifications. Un fluide qui produit tour à tour la chaleur, la lumière, la direction vers le pôle, tout en produisant les divers effets électriques, ne saurait être que la même substance, née du même principe, mais pourvue de qualités diverses, qui peuvent s'exercer séparément, suivant les besoins de la nature pour ses opérations, et les modifications qu'elle reçoit des causes étrangères qui agissent sur elle.

La matière électrique est répandue sur tout l'univers, au dedans, au dehors; tous les corps en sont pénétrés, car tous deviennent électriques; mais sa présence dans les corps ne suffit pas pour qu'ils produisent des phénomènes électriques, il faut qu'elle soit excitée. De même, la chaleur, la lumière, remplissent tout, mais elles n'embrasent les corps inflammables que par une excitation convenable, et il est à remarquer que le même moyen qui développe le calorique, c'est-à-dire le frottement, est encore celui qui développe l'électricité.

Le calorique se propage dans les métaux et les corps humides beaucoup plus aisément que dans d'autres substances; il en est de même de l'électricité, qui ne trouve pas de meilleurs conducteurs que les métaux et l'eau.

L'identité du calorique et de la lumière, celle du magnétisme et de l'électricité, passent aujourd'hui pour reconnues. L'analogie existant entre l'électricité et la chaleur n'est pas moins frappante. Les corps qui possèdent au plus haut degré la propriété électrique sont ceux qui marquent la plus forte tendance à s'unir avec l'oxygène, qui est de tous les gaz le plus comburant. Ajoutons à la rapidité de mouvement commune à l'électricité et à la lumière l'intensité par un temps froid et sec de la force électrique et de celle du calorique; à la faculté qu'ont ces deux fluides, quand ils sont excités, de se propager par les corps humides, la propriété de l'électrité dégagée de produire la lumière et la chaleur, et il ne sera guère possible de douter que la chaleur, la lumière, l'électricité et le magnétisme ne forment qu'un seul fluide, un agent simple et universel, cause de tous les phénomènes, et dont l'auteur de la nature ne tire des effets différents que par les modifications diverses qu'il lui a données.

Le pouvoir des pointes pour soutirer le fluide électrique est très réel, bien que jusqu'à présent on n'ait pu donner une explication absolument satisfaisante de ce phénomène. Les raisonnements qu'on a faits sur ce point sont loin d'être convaincants, puisque les théories imaginées sont plus d'une fois démenties par les faits. Contentons-nous de reconnaître l'existence de ce pouvoir, et de profiter de l'heureuse idée qu'eut Franklin d'élever une pointe sur un bâtiment, et de la faire communiquer avec l'eau ou avec la terre, pour préserver ce bâtiment des effets du tonnerre. Mais une observation singulière, c'est qu'en beaucoup de cas plusieurs pointes détruisent réciproquement leur efficacité; de sorte qu'il faut n'employer qu'une seule pointe si l'on veut obtenir des effets certains, ou du moins les placer à une assez grande distance l'une de l'autre pour qu'elles ne puissent se nuire.

La lumière électrique provient en général de la combinaison de deux électricités, soit que cette combinaison s'opère entre les fluides de deux corps conducteurs diversement électrisés, soit qu'elle se produise entre les fluides de deux corps dont l'un est électrisé et dont l'autre est à l'état naturel. Cependant quelques physiciens attribuent la production de la lumière électrique à la compression que l'électricité détermine dans les fluides élastiques en traversant leur masse.

Le choc de l'étincelle électrique fait éprouver aux êtres vivants une sensation plus ou moins douloureuse, et dans certains cas cette commotion peut être mortelle.

DU TONNERRE ET DE LA FOUDRE

On ne doute plus aujourd'hui que la foudre ne soit l'inflammation de la lumière électrique contenue dans les nuages et dans l'air atmosphérique, laquelle pourtant ne s'opère que lorsqu'elle a été favorisée par les circonstances. Cette proposition a été démontrée en 1752 par les expériences de Franklin, desquelles il résulte que tout corps anélectrique, c'est-à-dire qui ne s'électrise que par communication, placé sous un nuage orageux, s'électrise très fortement. Franklin imagina de lancer un cerf-volant dont la corde mouillée tenait à un conducteur de métal parfaitement isolé. Ce conducteur, ainsi électrisé, fournit de très fortes étincelles; l'expérience a été cent fois répétée depuis, toujours avec un égal succès.

Mais comment les nuages s'électrisent-ils? On n'a sur ce point que des conjectures. On sait que l'air est idio-électrique, c'est-à-dire qu'il s'électrise par le frottement; on sait que dans les temps d'orage les vents qui se croisent, se heurtent et s'entre-choquent, poussent l'air dans toutes les directions, et l'on présume que l'air, s'électrisant par le frottement de ses couches l'une sur l'autre, contre la terre et contre les nuages, communique à ces derniers l'électricité qu'il a ainsi acquise. Cette explication n'est peut-être pas tout à fait concluante; mais elle est ingénieuse et assez plausible. De plus l'évaporation et la végétation donnent lieu à un développement énergique de l'électricité, et la communiquent à l'air.

Si le nuage électrisé rencontre un autre nuage qui le soit d'une manière différente, à l'instant les deux courants se forment et se choquent. Du choc naît l'embrasement, c'est l'éclair; mais par le choc même l'air est déchiré violemment, et de là il résulte un bruit éclatant redoublé par les échos : c'est le tonnerre.

Si le nuage passe sur un rocher, une tour, un arbre, un objet terrestre quelconque, et que les deux courants se forment, la foudre éclate. Ainsi la foudre n'est pas autre chose que la matière électrique elle-même, enflammée et répercutée vers les corps d'où elle est sortie. Les arbres verts, et les édifices dont les sommets sont garnis de métal, sont souvent frappés de la foudre, parce qu'ils fournissent beaucoup d'électricité décomposée par influence.

Si maintenant on compare les effets de l'électricité ordinaire à ceux du tonnerre, on remarquera d'abord que, de même que l'éclair est suivi de détonation, l'étincelle électrique n'éclate jamais sans bruit, que la foudre décrit des zigzags dans sa marche, parce qu'elle se dirige brusquement vers les corps qui lui offrent plus de fluide électrique contraire; que de même le fluide électrique suit le conducteur dans toutes les directions; que la foudre tue les hommes et les animaux, très souvent sans laisser en eux aucune marque de son passage; qu'elle fond les métaux ou les fait passer à l'état d'oxydes; qu'elle perce ou brise les corps les plus durs; qu'elle embrase les corps combustibles; que pareillement l'électricité produit tous ces effets, quoique en petit; car la commotion électrique tue un animal sans que la cause de la mort soit apparente; elle fond des fils de fer assez longs; elle réduit l'or en poudre rouge; elle perce un carton épais de plusieurs lignes; elle embrase le gaz hydrogène, les liqueurs spiritueuses, la poudre à canon, etc.

EFFETS SINGULIERS DU TONNERRE

On sait que le tonnerre fait quelquefois tourner le vin et les liqueurs fermentées; mais avant la fin du XVIIIe siècle il n'y avait pas d'exemple qu'il exerçât aucune influence nuisible sur les matières sèches. On avait fait à Dantzig un grand approvisionnement de blé et de seigle pour l'exportation; un orage survint, et ces grains, qui étaient parfaitement secs et de très bonne qualité, se trouvèrent le lendemain poisseux, gluants et d'une odeur désagréable. Il fallut beaucoup de temps pour les faire sécher et les mettre en état de supporter le transport.

Le 6 août 1753, le professeur Richman fut tué par la foudre à Saint-Pétersbourg, tandis qu'il examinait les effets de l'électricité sur une machine au moyen de laquelle il voulait mesurer la force du fluide. M. Sokolow, graveur de l'Académie impériale, était auprès de lui. Il vit distinctement un globe de feu bleuâtre jaillir du style de la machine, et frapper au front le professeur, qui n'en était éloigné que d'un pied environ. Le fil de métal fut brisé en pièces, et les fragments sautèrent sur les vêtements de M. Sokolow, qui reconnut qu'ils y avaient laissé des marques de brûlure. Un vase de verre qui contenait de la limaille fut brisé, et la limaille répandue dans l'appartement. L'encadrement de la porte fut fendu, la porte arrachée et jetée dans la chambre. Le professeur avait dans la poche de son habit plusieurs roubles d'argent, et ils ne furent pas endommagés; mais la pendule qui était à un angle d'une pièce voisine fut arrêtée, et les cendres de la cheminée se répandirent dans la chambre. Plusieurs personnes du dehors déclarèrent qu'elles avaient vu la foudre descendre d'un nuage sur l'appareil électrique que le professeur avait mis sur le toit de la maison.

On a vu quelquefois la foudre tomber sur un homme, fondre l'argent dans sa poche et ne lui faire aucun mal; lui brûler les cheveux, les habits, et le laisser sain et sauf. En bien des occasions, elle s'attache aux corps les plus légers, tels que la paille, le linge; d'autres fois elle attaque les corps les plus durs, les métaux, le marbre, etc. Elle disperse les objets qu'elle rencontre; en un mot, il n'est pas d'effet qu'elle ne produise.

DU MAGNÉTISME

De même que la lumière est une modification de la chaleur, le magnétisme est une modification de l'électricité. On désigne par ce mot la vertu singulière qu'on voit dans l'aimant d'attirer le fer et l'acier, et de s'y attacher; d'attirer ou de repousser un autre aimant, selon qu'ils se regardent par leurs pôles de nom différent ou de même nom; de diriger constamment l'un de ses pôles ou extrémités vers le nord, et l'autre vers le sud, en déclinant toutefois de quelques degrés à l'est ou à l'ouest, et d'incliner l'un de ces mêmes pôles vers la terre, inclinaison qui augmente à mesure qu'on s'éloigne de l'équateur; de communiquer par le contact toutes ses propriétés au fer et à l'acier, et de les rendre ainsi capables de produire les mêmes effets.

C'est cette dernière qualité de l'aimant qui a fait penser à quelques enthousiastes de bonne foi, ou plutôt à des intrigants qui spéculaient sur la faiblesse humaine, qu'il existait dans les individus des qualités magnétiques plus ou moins susceptibles de développement, et pouvant se communiquer des uns aux autres par certains procédés auxquels ils ont donné les apparences du mystère pour en imposer davantage à la crédulité publique. Comme ce prétendu magnétisme animal est tout entier dans le domaine de l'imagination, nous nous bornerons à dire que si l'on ôtait aux magnétiseurs l'influence qu'ils exercent sur les esprits déjà affaiblis par le mal, et qu'en même temps on rendît le calme à l'imagination des malades, tout l'échafaudage du magnétisme venant à s'écrouler, il ne reste d'un côté que l'imposture et la fraude à découvert, et de l'autre la crédulité détrompée.

On avait remarqué, vers la fin du XVIIe siècle, que souvent un coup de tonnerre changeait la direction de l'aiguille aimantée. On s'était aussi aperçu qu'en coupant à froid un morceau de fer, l'outil qu'on avait employé acquérait la vertu magnétique; qu'il en était de même d'un morceau de fer qu'on cassait en le pliant et en le repliant plusieurs fois. Mais, ne connaissant alors ni le fluide électrique ni même la nature du calorique, on ne pouvait chercher la cause des phénomènes magnétiques ni dans les effets de la chaleur produite par le frottement, ni dans l'électricité. On la cherchait où elle n'était pas. Toutefois l'observation de ces faits n'a pas été perdue pour les modernes; une découverte a conduit à une autre. On a éprouvé mille fois qu'une aiguille non aimantée soumise à l'action du fluide électrique acquiert toutes les propriétés de l'aimant; on a inféré de là qu'entre le magnétisme et l'électricité il existe une analogie parfaite. Le changement de direction de l'aiguille aimantée par un coup de tonnerre, qui n'est pas autre chose qu'une grande explosion électrique, a confirmé la théorie naissante; beaucoup d'autres observations faites dans ces derniers temps ont fait penser que le magnétisme et ses phénomènes ne sont dus qu'à des courants électriques probablement produits par le calorique émané du soleil, qui échauffe successivement tous les méridiens qu'il traverse.

Ainsi l'action du soleil sur les courants qui sont à la surface de la terre peut être regardée comme la cause des variations diurnes et annuelles de l'aiguille aimantée; et le double phénomène de la déclinaison et de l'inclinaison sera, dans la même hypothèse, le produit des grandes variations qui se font sentir, par la masse entière de l'électricité sur toute la surface du globe. Ce système a pour lui les plus grandes probabilités; mais comme il n'est pas encore appuyé sur une série d'expériences concluantes, capables de placer au nombre des faits reconnus l'identité du fluide magnétique avec le fluide électrique, on peut le regarder comme très vraisemblable, en attendant le jour, peu éloigné peut-être, où on pourra le regarder comme vrai.

DE L'AIMANT

On trouve dans la nature quelques corps qui possèdent la propriété d'attirer le fer : on leur donne le nom d'*aimants*. La propriété des aimants est connue depuis les temps les plus reculés; on l'attribue à un agent particulier qu'on nomme le *magnétisme*, du mot qu'employaient les Grecs pour désigner la pierre d'aimant.

Les aimants naturels sont assez répandus dans le globe; c'est dans les mines de fer qu'on les rencontre le plus ordinairement. Il en existe de très puissants; il en est d'autres qui n'ont qu'une faible intensité : les premiers peuvent porter des masses de fer de plusieurs kilogrammes; les seconds n'en soutiennent que des morceaux de quelques grammes ou de quelques milligrammes.

On emploie souvent de la limaille de fer pour reconnaître la propriété attractive des aimants. En plongeant un aimant dans cette limaille, elle se fixe à sa surface, et ses particules adhèrent les unes aux autres de manière à former des filaments plus ou moins allongés; et en approchant l'aimant à une faible distance, elle se précipite sur sa surface. L'action de l'aimant sur la limaille s'exerce d'une manière remarquable à travers le papier, le carton, le verre; on en fait l'expérience en saupoudrant un corps avec la limaille et en passant l'aimant au-dessous.

On désigne généralement sous le nom de *pôles* les deux points de l'aimant où la force paraît la plus grande, et sous le nom de *ligne neutre* la ligne où elle paraît nulle. Il y a deux pôles dans chaque aimant : le *pôle boréal* et le *pôle austral.*

L'aimant repousse un autre aimant si on le lui présente par le pôle de même nom ; mais si on présente le pôle sud au pôle

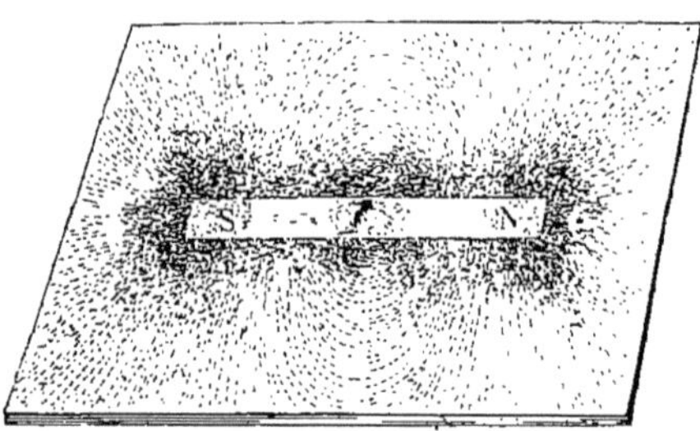

Action de l'aimant sur la limaille à travers le papier : spectre magnétique.

nord, les deux aimants s'attirent. L'aimant étant placé de manière que ses mouvements soient libres, par exemple sur un pivot sur lequel il est en équilibre, l'un de ses pôles se tourne constamment de lui-même vers le nord. Nous avons dit que l'aiguille aimantée ne regarde pas exactement le nord; cela occasionnerait bien des mécomptes, si l'on n'était parvenu à mesurer très exactement la déclinaison à l'est ou à l'ouest. Cette déclinaison varie : en 1580 elle était orientale et arrivait à 11°30'; en 1820 elle était occidentale, et arrivait à 22°30'. Actuellement la déclinaison va décroissant, et la direction de l'aiguille se rapproche du pôle.

Nous avons dit aussi que l'aiguille s'incline vers la terre. Dans notre hémisphère, c'est le pôle sud; dans l'hémisphère austral, c'est le pôle nord qui subit l'inclinaison. Sous l'équateur magnétique, l'inclinaison est nulle.

Les propriétés de l'aimant se communiquent au fer et à l'acier par le contact et le frottement; et il est à remarquer, contre la loi générale que toute force qui se communique s'affaiblit parce qu'elle perd ce qu'elle donne, que la vertu magnétique ne s'épuise pas dans l'aimant, quoique le fer aimanté reçoive plus de force que n'en avait l'aimant même. A l'aspect de ce phénomène, on pourrait penser que par le frottement l'aimant donne moins de sa propre vertu qu'il ne développe celle qui se trouvait dans le fer, existante mais inerte.

DE L'ATMOSPHÈRE ET DE L'AIR

Le mot d'atmosphère (*sphère de vapeurs*) sert à désigner l'air qui nous entoure, et toutes les exhalaisons dont il est chargé. L'atmosphère se compose de deux fluides élastiques : l'*air pur,* ou *air vital,* ou *gaz oxygène,* et le *gaz azote,* dans la proportion de 21 parties du premier contre 79 du second [1]. L'air est nécessaire à l'homme, aux animaux et aux plantes : privé d'air, tout ce qui a vie périt. Longtemps il fut regardé comme *élément,* c'est-à-dire composé de parties simples et homogènes; mais, décomposé par les procédés chimiques, il a perdu son titre usurpé d'élément pour ne prendre place que parmi les substances composées.

Si l'air atmosphérique ne se forme que de deux gaz, oxygène et azote, l'atmosphère proprement dite reçoit toutes les substances susceptibles de rester aériformes au degré habituel de chaleur et de pression que nous éprouvons.

Nous avons dit *au degré habituel de chaleur que nous éprouvons,* et cela doit être; car, avec plus de chaleur, beaucoup de liquides deviendraient fluides élastiques, ce qui produirait de très fortes décompositions; et avec un froid très intense, la plupart de nos liquides se transformeraient en solides, et les substances aériformes deviendraient fluides, ou peut-être même se solidifieraient.

Les deux gaz qui constituent l'air atmosphérique sont dans la proportion suivante : 21 parties d'oxygène sur 79 parties de gaz azote, mêlées, mais en très petites proportions, avec un

[1] Il y a aussi dans l'air quelques parties de gaz acide carbonique.

autre fluide élastique : le gaz acide carbonique. Toutes ces substances isolées tueraient très promptement par inflammation ou par suffocation ; par leur mélange, elles deviennent non seulement inoffensives, mais encore nécessaires à la vie.

L'air atmosphérique, principalement l'oxygène, est essentiel à la combustion des corps ; les matières les plus inflammables ne peuvent brûler qu'en se combinant avec lui.

L'atmosphère est emportée avec la terre dans le mouvement de rotation. Toutes les substances étrangères qui s'y mêlent par évaporation ou par exhalaison suivent le même mouvement. On ne connaît pas au juste la hauteur de l'atmosphère. Les calculs de Lahire sur la réfraction des rayons solaires, cause des crépuscules qui précèdent et qui suivent le lever et le coucher du soleil, l'ont conduit à penser que cette hauteur est d'environ 16 lieues (60,000 mètres). Ce qu'on sait positivement, c'est que l'atmosphère est pesante, puisqu'une colonne d'air d'un diamètre donné se balance avec une colonne de mercure de 28 pouces, ou avec une colonne d'eau de 32 pieds de même diamètre.

L'air exerce sur tous les corps, et en particulier sur le corps humain, une pression énorme qu'on évalue à 33,000 livres; mais cette pression est insensible, parce que l'air est soumis aux mêmes lois que les autres fluides, et que la première de ces lois est que toutes les parties d'un fluide s'équilibrent entre elles : de sorte que l'air qui se trouve dans notre corps résiste, à notre insu, à la pression de l'air extérieur.

Si l'air atmosphérique n'éprouve qu'un mouvement léger de vibration, qui agite les molécules sans les déplacer, il sert de véhicule au son; s'il est violemment agité, au point qu'il y ait translation d'un lieu à un autre, ce mouvement produit le vent, depuis le plus léger zéphyr jusqu'à l'ouragan qui déracine les arbres et renverse les édifices.

Les rapports entre l'oxygène et le gaz azote dans la composition de l'air atmosphérique ne varient jamais d'une manière sensible. M. Gay-Lussac, qui s'est élevé jusqu'à la hauteur de 4,000 toises dans un aérostat, a pris de l'air à des hauteurs bien différentes, et l'analyse lui a prouvé qu'à très peu de chose près ces deux substances se trouvent toujours dans une proportion égale.

Nous avons vu que l'air est pesant; il est aussi fluide, élastique et compressible. La fluidité consiste dans la mobilité des parties et dans la faculté qu'elles ont de couler les unes sur les autres, dès qu'elles ne sont pas retenues par un obstacle qui s'oppose à cet épanchement. La présence de l'air dans les corps les plus solides suffit pour établir qu'il possède au plus haut point la fluidité.

Il est compressible, c'est-à-dire qu'on peut par la pression resserrer ou diminuer son volume sans lui rien ôter de sa pesanteur; on le comprime en le forçant d'entrer en plus grande quantité dans le lieu que déjà il occupe; mais il ne suffirait pas que l'air fût compressible pour servir à l'usage auquel le Créateur l'a destiné : il doit être élastique, c'est-à-dire qu'il doit avoir la faculté de rentrer dans son état ordinaire dès que la cause de compression cesse.

Cette double qualité de compressibilité et d'élasticité se manifeste par mille phénomènes qui s'opèrent sous nos yeux sans que nous les remarquions. L'air comprimé dans un tube de métal au moyen d'un piston chasse successivement plusieurs balles à mesure qu'on ouvre une soupape adaptée au tube.

Le poids d'une colonne d'air d'un diamètre de 3 pouces est d'environ 100 kilogrammes; il suit de là que le corps d'un homme de moyenne stature, offrant une surface d'environ 150 à 160 fois ce diamètre, supporte une pression de 15,000 à 16,000 kilogrammes. Mais l'air agit à la fois dans tous les sens avec la même force et le même ressort; l'air intérieur résiste à l'air extérieur, il y a équilibre. Si l'on venait à extraire du corps de l'homme l'air extérieur, on le verrait soudain écrasé sous le poids. Il en est de l'air sous ce rapport comme de l'eau et des autres fluides. Un poisson descend librement au fond d'un bassin, d'un étang, de la mer; quelques gouttes d'eau qui se trouvent entre le fond et lui suffisent pour maintenir l'équilibre; d'ailleurs les parties du liquide qui l'entourent produisent le même effet; mais bien certainement si le poisson se trouvait au fond d'un tube dont il remplirait exactement la capacité, de manière que le liquide ne pût s'introduire ni sous lui ni par côté, il serait écrasé sous la colonne qui pèserait sur lui.

DU SON

Le son est un bruit qui frappe nos oreilles, et qui pour l'ordinaire naît de la vibration des ondes de l'air atmosphérique. Cependant tout bruit ne produit pas un son; car le son proprement dit cause dans l'oreille une sensation distincte, comparable à une autre sensation également sonore. Le bruit n'est qu'un son confus qui, bien que différent d'un autre bruit, ne fait pas sur nos sens des impressions que nous puissions saisir, apprécier et comparer.

La corde d'un instrument produit un son, la corde voisine produit aussi un son; mais outre que ces sons diffèrent entre eux, ils laissent en nous les traces durables de deux sons assez distincts l'un de l'autre pour que nous puissions mesurer l'intervalle qui les sépare. Un coup de marteau sur une planche fait du bruit; sur un mur il fait aussi du bruit. Nous sentons bien que ces deux bruits diffèrent; mais il nous est impossible de dire en quoi la différence consiste. L'un sera plus fort, l'autre plus faible; mais c'est toujours un bruit de même espèce, sourd, confus, vague, incapable d'être comparé au son.

Deux sons peuvent s'accorder ou faire naître une dissonance; l'oreille ne s'y trompe pas. Deux bruits, quels qu'ils soient, ne sont jamais d'accord ni discords.

Il y a des sons qu'on peut appeler mixtes, parce qu'ils tiennent de la nature du son et de celle du bruit. Tel est le son du tambour, de la grosse caisse, des timbales, des cymbales, des triangles, etc. Ce son mixte s'accorde avec le son ordinaire, aigu ou grave, sans engendrer jamais de dissonance.

Le coup frappé sur un corps sonore ébranle les parties de ce corps et leur cause une espèce de frémissement qu'on nomme vibration. Ce frémissement se communique à l'air ambiant jusqu'à une distance plus ou moins considérable, suivant la force du coup qui l'a déterminé.

L'air sert de véhicule au son; mais il faut pour cela qu'il ait de la densité. L'air raréfié ne transmet le son que très affaibli;

dans le vide il n'y a pas de son. La vitesse du son est de 333 mètres par seconde, la nuit comme le jour. Le mouvement du fluide lumineux, électrique, magnétique, n'influe nullement sur la marche du son; les vapeurs atmosphériques ne la retardent pas. Si la direction du vent est perpendiculaire à celle du

Propagation des ondes sonores.

son, il ne produit aucun effet; s'il souffle dans le même sens, il augmente sa vitesse; s'il souffle dans un sens opposé, il la retarde, de sorte que si le vent parcourt 40 mètres par seconde (et c'est la vitesse de l'ouragan le plus violent), le son, dans le premier cas, parcourt 40 mètres de plus, et dans le second 40 mètres de moins.

Quoique le son naisse des vibrations du corps sonore, il nous paraît continu, parce que ces vibrations se succèdent trop rapidement pour que l'intervalle qui les sépare puisse être perçu.

C'est par une raison du même genre que l'on croit voir un cercle continu, quand on fait tourner rapidement autour de soi une pierre attachée au bout d'une corde. La pierre parcourt successivement tous les points de la circonférence; mais elle le fait avec tant de vitesse, que l'image tracée dans l'œil par chacun de ces points n'a pas le temps de s'effacer.

Nous avons dit qu'il n'y a pas de son dans le vide : le timbre d'une pendule placé sous le récipient de la machine pneumatique et sans communication extérieure ne produit pas de son dès qu'on a formé le vide; cela vient de ce que les vibrations du timbre ne réagissent sur rien ; du moins l'air qui reste sous le récipient est si raréfié, que, manquant de ressort, il ne peut ni recevoir ni transmettre des vibrations sonores.

DE L'ÉCHO

Quand le son arrive à un corps solide, il est réfléchi, de même que les rayons de lumière, par une surface dure et polie. L'air, véhicule du son, reçoit son mouvement des vibrations du corps sonore. Comme le corps qui sert d'obstacle à la colonne d'air la force de se réfléchir, ce mouvement de réflexion se communique de proche en proche, et se trouve forcé de suivre la direction de la colonne d'air réfléchie.

L'écho n'est donc pas autre chose qu'un son réfléchi qui vient frapper notre oreille, quand le son direct cesse d'être entendu ; mais, pour l'entendre distinctement, il faut être un peu éloigné du lieu où s'opère la réflexion, afin que l'impression produite par le son primitif ait le temps de s'effacer; car autrement le son direct et le son réfléchi se confondent si bien dans notre organe, que nous ne pouvons les distinguer l'un de l'autre.

Souvent, en appliquant la bouche à la concavité de l'angle d'un édifice, celui qui place l'oreille à l'angle opposé entend les mots qu'on lui adresse sans que les autres puissent les saisir. Cela arrive quand le plancher supérieur ou le toit sont voûtés et que les angles se continuent jusqu'à la voûte. La colonne d'air repoussée par la voix suit la direction de l'angle, glisse sous la voûte, et descend du côté opposé.

On cite comme un vrai prodige un écho qui est à Milan, dans une maison de campagne, à deux milles de la ville; à une centaine de pas de la maison coule un petit ruisseau sur lequel on a jeté un pont pour établir une communication entre la maison et le jardin qui est au delà du ruisseau. Un coup de pistolet tiré en ce lieu produit un bruit éclatant, que l'écho répète jusqu'à cinquante-six fois de suite, les vingt premières fois très distinctement. La détonation d'un fusil se fait entendre soixante fois.

DES VENTS

On donne le nom de vent à une forte agitation de l'air dans un même sens. La principale cause des vents et des perturbations atmosphériques paraît devoir être cherchée dans les effets du calorique, qui rompt l'équilibre des couches aériennes par la dilatation, et détermine ainsi un courant d'air plus froid qui vient occuper l'espace où se trouve un fluide moins dense. Ainsi les *brises*, pendant le jour, soufflent de la mer, qui est alors moins chaude que la terre; mais, sur le soir et pendant la nuit, elles s'élèvent de terre, parce qu'alors l'air de la mer est plus léger et moins froid.

En 1802, une tempête violente venant du nord-est parcourut la surface du golfe du Mexique et toutes les côtes voisines de la mer. Elle commença vers deux heures de l'après-midi à Charlestown; trois heures après elle se fit sentir à Washington; à dix heures du soir à New-York; le lendemain à Albany, dès les premières lueurs de l'aube; de telle sorte que, bien que le vent soufflât du nord-ouest, c'était dans la partie la plus méridionale du pays parcouru qu'il s'était d'abord fait sentir. Pour avoir une idée de cette marche rétrograde du vent, il suffit d'observer le mouvement des eaux dans un long canal lorsqu'on vient à ouvrir l'écluse qui la tient prisonnière; le mouvement qui la précipite commence à l'écluse même, de là remonte de proche en proche jusqu'à l'autre extrémité du canal.

DES OURAGANS

On appelle *ouragan* un vent extrêmement violent qui sur la mer élève des montagnes d'eau et brise les navires, et sur la terre ébranle et renverse les édifices, arrache les plus gros arbres, et laisse partout des traces déplorables de son passage. La mer du Sud et celle des Antilles surtout sont fort sujettes à ces coups de vent, dont la violence et l'irrégularité ne sauraient être calculées. Des cantons entiers sont dévastés, bouleversés en deux à trois heures, les habitations détruites, les plus gros arbres brisés, les plantations arrachées. Le tonnerre gronde, la foudre éclate, la pluie tombe par torrents; on dirait que la terre va se dissoudre.

On a mesuré la vitesse du vent, et comme la force d'un corps augmente en raison de la célérité de son mouvement, on peut par le degré de vitesse juger du degré de force.

Le vent sensible parcourt 1 mètre par seconde, le vent modéré 2 mètres, le vent fort 10 mètres, le vent impétueux 20 mètres la tempête 22, l'ouragan 36, l'ouragan des Antilles 45. On peut concevoir aisément quelle est la force prodigieuse d'une colonne d'air qui se meut avec une vitesse qui surpasse trois ou quatre fois celle du coursier le plus rapide et des chemins de fer. L'ouragan des Antilles parcourt, en effet, 36 lieues 2/3 par heure.

DES VENTS ALISÉS

On donne ce nom à des vents qui soufflent entre les tropiques, dans la direction constante de l'est à l'ouest. Quelquefois même ils s'étendent au delà des tropiques, et se font sentir jusqu'au 40° de latitude.

Parmi les explications que les savants ont tenté de donner de ce phénomène, celle de Hadley semble la plus rationnelle.

« L'action du soleil entre les tropiques, dit ce savant physicien, échauffe prodigieusement l'atmosphère, force l'air à se dilater, à s'élever dans les régions supérieures, et par là cause un vide que l'air d'au delà des tropiques vient remplir des deux côtés de l'équateur. Ce n'est pas tout : en tournant rapidement sur son axe d'occident en orient, la terre communique à la masse d'air qui l'entoure un mouvement de rotation très vif; mais comme ce mouvement est moins rapide que celui de la terre elle-même, il en résulte un contre-courant, de même que l'eau entraînée par une meule semble marcher en sens contraire du mouvement de la meule. Ainsi ces masses d'air équatoriales tournent moins vite que la partie du globe correspondante, de sorte qu'elles frappent la terre en sens contraire de son mouvement, d'où il suit qu'elles doivent courir en apparence de l'est à l'ouest. »

Comme ces vents soufflent sans discontinuation toute l'année, les vaisseaux qui des côtes du Pérou ou du Mexique voguent vers les Philippines ou vers la Chine n'ont besoin que de s'abandonner au vent, et, sans être jamais obligés de changer de voiles, franchissent en deux mois l'immense intervalle d'environ 4,000 lieues. Les navires qui de la côte orientale de l'Asie font voile pour l'Amérique doivent remonter au nord jusqu'à ce qu'ils entrent dans la région des vents variables.

Les vents étésiens, situés sur la limite des vents alizés, ne se font sentir que sur la Méditerranée. Ils soufflent tous les ans, comme leur nom[1] l'indique, dans une direction constante pendant quelques mois.

DES MOUSSONS

On appelle ainsi des vents périodiques, de six mois alternatifs, soufflant sur l'océan Indien depuis le mois d'avril jusqu'au mois d'octobre, dans la direction du sud-ouest au nord-

[1] Ce nom est formé d'un mot grec qui signifie *annuel*.

est, et le reste de l'année en sens inverse, c'est-à-dire du nord-est au sud-ouest. Ce dernier est sec, doux et sain; celui du sud-ouest est humide et orageux. Le renversement des moussons s'opère par degrés; mais il est toujours accompagné de tempêtes, d'ouragans, de coups de tonnerre.

On croit que les moussons sont produites par la raréfaction de l'air aux lieux vers lesquels elles se dirigent. Quand le soleil est dans notre hémisphère, c'est-à-dire à la fin de mars, à la fin de septembre, la raréfaction a lieu sur le continent indien; aussi le vent vient-il du sud-ouest ou de l'autre hémisphère; si ce vent est humide, c'est qu'il traverse les mers. Le contraire a lieu dans l'autre mousson : le vent est sec, parce qu'il arrive du continent.

Sous les climats tempérés, il n'y a pas de vents périodiques; ils soufflent même d'une manière si variable, qu'il n'est pas possible de les assujettir à des règles générales.

DES TROMBES

Parmi les phénomènes produits par les vents, on remarque les trombes ou siphons, espèces de tourbillons très dangereux qui sur mer peuvent engloutir les vaisseaux, et sur terre arracher les arbres et renverser les édifices. Voici l'explication qu'on a donnée de ce phénomène. Deux vents contraires se rencontrent; s'il se trouve entre eux des vapeurs, un nuage, ces vapeurs, ce nuage, se mettent à tourner rapidement, et en tournant ils prennent la forme d'un cône. Les diverses parties de la nue sont portées par le mouvement de rotation vers les parois extérieures; un grand vide se forme alors dans l'intérieur du cône, et tout cône qui se trouve au-dessous, solide ou fluide, est nécessairement entraîné.

M. Brisson, ancien professeur de physique aux écoles centrales de Paris, a cru reconnaître dans les trombes un phénomène purement électrique. « Quand deux corps dont l'un est électrisé, dit-il, sont en présence, il se fait entre eux une sorte d'attraction; ou, pour mieux dire, l'un est poussé vers l'autre par la force du double courant électrique. Ainsi, lorsqu'un nuage bien électrisé se montre à une distance convenable de la terre ou de la mer, il s'établit entre les corps terrestres et lui une sorte d'échange de matière effluente venant du nuage, et de matière affluente venant de la terre. Si le courant de matière effluente est plus fort, les vapeurs dont le nuage se compose sont entraînées vers la terre, et forment la colonne cylindrique ou conique qu'on nomme trombe, et qui se meut suivant le degré d'énergie de l'électricité du nuage. Dans le cas contraire, c'est-à-dire s'il y a plus de force dans le courant de matière affluente, celle-ci entraîne les parties aqueuses qui forment la colonne ascendante qu'on voit s'élancer vers les nuages. »

On ne saurait douter que l'électricité ne joue un grand rôle dans la formation des trombes, et qu'elle ne contribue à les rendre très dangereuses; mais on peut douter que les trombes n'aient pas d'autre cause que l'électricité.

DES PHÉNOMÈNES ATMOSPHÉRIQUES LUMINEUX

BOLIDES, ÉTOILES TOMBANTES

De tous les phénomènes de cette espèce, un des plus remarquables est l'apparition des bolides et des étoiles tombantes. Les bolides ou globes lumineux ne varient pas moins par la couleur que par les dimensions, et probablement aussi par la nature des matières dont ils se forment : ce ne sont quelquefois que des vapeurs subtiles, lumineuses et transparentes; d'autres fois aussi ils offrent une masse compacte, solide en apparence. On en voit qui, semblables à une comète, laissent échapper de leur centre ou noyau une longue et brillante queue serpentant à droite et à gauche. La lumière que répandent ces météores est tantôt d'un blanc pâle, tantôt d'un rouge cramoisi foncé; assez souvent ils lancent autour d'eux des étincelles bleuâtres. Les bolides s'éteignent communément lorsqu'ils arrivent aux limites de notre atmosphère; leur dissolution s'annonce par un long sifflement ou par une explosion.

Quant aux étoiles tombantes, on les a ainsi nommées à cause de leur ressemblance, pour la forme apparente et la couleur de leur lumière, avec de véritables étoiles qu'on dirait se détacher du firmament pour se porter rapidement vers la terre.

Il y a des bolides dont le noyau consiste réellement en une masse solide qui ne s'éteint pas en traversant l'atmosphère, et qui, arrivant jusqu'à la surface de notre globe, y laisse des traces sensibles de sa chute, et même de son existence métallique. On désigne ces sortes de bolides par le nom d'aérolithes; nous en parlerons plus tard.

L'homme est naturellement avide de connaissances, et dans sa présomption il voudrait tout expliquer; mais quel homme sur la terre pourra jamais expliquer les sublimes mystères de la création? A l'aspect de ces merveilles aériennes qui l'inondent des flots d'une vive lumière, il a cherché à déterminer leur nature, leur composition, leurs causes; mais il n'a trouvé que des conjectures, et les éblouissants rayons de lumière qui en émanent avec tant d'abondance n'ont pu dissiper les ténèbres dont il reste enveloppé. Un savant dont l'Europe entière a reconnu le mérite, Humboldt, rendant compte d'un de ces phénomènes, termine son récit par ces mots remarquables : « En résumé, nous n'en savons pas plus là-dessus qu'on n'en savait au temps d'Anaxagore. » Et c'est là de la philosophie, nous dirons même de la bonne philosophie : reconnaître humblement notre ignorance et notre petitesse devant les œuvres de celui qui sait tout et qui peut tout.

Les uns ont soutenu que les bolides sont des corps célestes sujets à des révolutions, des espèces de planètes semblables à la terre; d'autres ont dit que ce sont des agrégations de vapeurs inflammables se condensant sur les dernières limites de notre atmosphère, et prenant feu par l'effet de quelque cause inconnue. Le docteur Blagdon les regarde comme un produit de l'électricité; un autre physicien pense que ce sont des matières volcaniques lancées dans notre atmosphère par suite de quelque éruption lunaire très violente. M. Chladni, cité avec éloge par M. de Humboldt, suppose que les bolides se forment de certaines substances existant au delà de notre atmosphère, et pareillement en dehors des atmosphères des autres planètes, n'ayant jamais fait partie d'aucune d'elles et flottant dans l'immensité de l'espace, jusqu'à ce qu'elles se combinent avec d'autres substances; ce qui produit l'inflammation. Suivant une autre hypothèse qui a trouvé beaucoup de partisans, les bolides, ou du moins les aérolithes, ne sont que des déjections volcaniques provenant de la lune. Cette dernière supposition, émise en 1795 par l'Anglais Olben, a été adoptée et développée par l'astronome français Laplace; mais elle ne résout qu'une partie de la difficulté, car elle ne peut s'appliquer ni aux étoiles tombantes ni aux bolides proprement dits : aussi ne regardent-ils ces dernières que comme des effets d'électricité ou des exhalaisons terrestres.

En résumé, personne n'a pu expliquer d'une manière satisfaisante la formation de ces étonnants phénomènes.

Le 24 mars 1676, deux heures après le coucher du soleil, on vit en Italie un météore extraordinaire, venant de l'est, passer sur l'Adriatique à une très grande hauteur, qu'on supposa de treize à quatorze lieues, et, après avoir traversé l'Italie, se diriger vers la Corse. On entendit d'abord sur son passage un sifflement aigu, auquel succéda un bruit semblable à celui d'une lourde voiture roulant sur des pierres. Un professeur de mathématiques de Bologne calcula que la vitesse apparente de ce météore pouvait être évaluée à cent soixante milles par minute, c'est-à-dire à une vitesse dix fois plus grande que celle de la terre tournant chaque jour sur son axe ou fournissant sa carrière annuelle autour du soleil. Ce météore était de forme ovale; son petit diamètre apparent était plus grand que celui de la pleine lune.

Le 22 mai 1680 et le 9 juillet 1686, deux météores de même espèce furent vus à Leipsick et dans plusieurs autres villes d'Allemagne : ce qui remplit de terreur les habitants, qui s'imaginèrent que les feux du ciel allaient tomber sur la terre. En mai 1710, un météore très brillant et jetant une vive lumière se montra dans le comté d'York sous la forme d'une trompette. En mars 1719, les habitants de Londres ne furent pas peu surpris de voir tout à coup venir de l'ouest une clarté beaucoup plus vive que celle de la lune; il était alors environ huit heures du soir. Ce météore avait une forme conique; sa dimension paraissait un peu moindre que celle de la lune; sa couleur était d'un blanc tirant sur le bleu, et sa lumière parut au moins aussi vive et brillante que celle du soleil dans un beau jour. En moins d'une minute il parcourut un espace de vingt degrés, laissant après lui une espèce de vapeur nuageuse d'un jaune rougeâtre, à peu près semblable à la couleur des charbons ardents. Le météore se dissipa sans faire entendre aucune explosion; mais cette traînée rougeâtre qui marquait son passage se conserva pendant quelques minutes; il en sortit même des étincelles comme celles qui jaillissent du fer rouge battu sur l'enclume.

Il serait beaucoup trop long de décrire toutes les apparitions de bolides qu'on a remarquées en Europe depuis seulement un siècle; il y aurait d'ailleurs l'inconvénient d'avoir toujours à dire à peu près la même chose. Nous nous contenterons d'offrir ici un extrait du journal des voyages de MM. de Humboldt et Bonpland aux régions équinoxiales, en 1799. Ils y furent témoins, dans la nuit du 11 novembre, d'un spectacle si magnifique, qu'il est presque impossible de trouver des mots assez expressifs pour le peindre.

« La nuit du 11 novembre, dit le savant voyageur, fut froide, mais très belle. Vers les deux heures et demie du matin, des météores lumineux apparurent du côté de l'est. M. Bonpland, qui s'était levé pour jouir de la fraîcheur de l'air, fut le premier à les découvrir. Pendant quatre heures consécutives ce furent des milliers de bolides et d'étoiles tombantes qui éclairèrent l'atmosphère, en se dirigeant régulièrement du nord au midi. Le foyer de ces météores semblait être à l'orient, sous l'équateur; il s'étendait de chaque côté au delà des tropiques. Les bolides s'élevaient de l'horizon à une hauteur de 25 à 30 degrés, quelquefois même de 40, et, décrivant une courbe, descendaient vers le sud en suivant la direction du méridien. Le vent soufflait de l'est; mais il était à peine sensible dans les basses régions de l'atmosphère. On n'apercevait pas un seul nuage. Tous ces météores laissaient derrière eux des traces lumineuses qui s'effaçaient au bout de 7 à 8 secondes. Dans la plupart des étoiles tombantes on remarquait très distinctement un noyau de la grandeur ordinaire d'une planète, duquel jaillissaient de brillantes étincelles. Parmi les bolides, les uns finissaient par éclater et faire explosion, sans détonation sensible, à raison sans doute de la distance ; les autres, ceux des plus grandes dimensions, se dissipaient sans explosion apparente. » La lumière de tous ces météores était blanche, sans aucune teinte de rouge ; ce que M. de Humboldt attribue à l'absence totale des vapeurs et à l'extrême transparence de l'air. C'est par la même raison que les étoiles de première grandeur jettent sous les tropiques une lumière beaucoup plus blanche qu'en Europe. Tous les habitants de Cumana[1] furent témoins de ce phénomène. Les plus âgés d'entre eux se ressouvinrent alors que le tremblement de terre de 1766 avait été précédé par l'apparition des mêmes météores. La chute des étoiles cessa par degrés après quatre heures du matin. On en vit pourtant plusieurs du côté du nord-est, un quart d'heure après le lever du soleil. « Cette circonstance, dit M. Humboldt, m'aurait paru plus extraordinaire, si je ne m'étais souvenu qu'en 1788 j'avais vu en plein jour l'intérieur des maisons de Popayant éclairé par un aérolithe qui passa au-dessus de la ville, à une heure après midi. En 1800, M. Bonpland et moi, nous trouvant pour la seconde fois à Cumana, nous avons vu distinctement à l'œil nu, le 29 septembre, un quart d'heure après le lever du soleil, l'immersion du premier satellite de Jupiter. Il y avait une légère vapeur à l'horizon du côté du levant ; mais Jupiter se détachait très bien sur l'azur du ciel. Tout cela prouve l'extrême pureté de l'atmosphère sous la zone torride.

« Je n'ignorais pas, continue l'auteur, que les recherches de M. Chladni sur les bolides et les étoiles tombantes avaient excité en Europe l'attention du monde savant ; aussi nous ne négligeâmes, mon compagnon de voyage et moi, aucun moyen de découvrir tout ce qui pouvait se rapporter au phénomène de Cumana. Un missionnaire capucin que nous vîmes à Saint-Ferdinand d'Apura, village situé dans les savanes de la province de Marinas, les franciscains dont le monastère est situé

[1] Ville de l'Amérique du Sud, où se trouvaient MM. de Humboldt et Bonpland.

près des cataractes de l'Orénoque, et des habitants de Maroa, sur les bords du Rio-Negro, nous assurèrent qu'ils avaient vu, le 11 novembre, un nombre infini de bolides et d'étoiles tombantes, dont ils comparaient l'effet à un brillant feu d'artifice qui aurait duré trois heures, de trois jusqu'à six. Il est à remarquer qu'entre Cumana et Maroa il y a 174 lieues de distance. En tenant compte de la situation des missions et de Maroa, qu'entourent des montagnes et des forêts, il a fallu que les bolides, pour être visibles, s'élevassent au moins à une hauteur de 20 degrés au-dessus de l'horizon. Lorsque j'arrivai à l'extrémité méridionale de la Guyane espagnole, près du petit fort de Saint-Charles, je rencontrai un parti de Portugais qui avait remonté le cours du Rio-Negro depuis la mission de Saint-Joseph; ils m'assurèrent que le phénomène avait été aperçu dans cette partie du Brésil et même au delà. Mon étonnement fut grand; il le fut bien davantage lorsque, de retour en Europe, j'appris de diverses personnes dignes de foi que le même phénomène avait été observé dans le pays des Esquimaux, dans le Groënland et à Weimar, ville d'Allemagne, à 1,800 lieues de distance. »

M. de Humboldt fait observer, du reste, que la direction des bolides vus dans le Labrador, au Brésil, au Groënland, n'était pas exactement la même; ces bolides n'étaient pas ceux de Cumana, et cette observation le conduit à penser que le même jour, à la même heure, il y a eu dans les régions supérieures, sur un espace immense qu'il évalue à 921,000 lieues carrées, une sorte de conflagration manifestée par une innombrable quantité de bolides et d'étoiles tombantes.

Les savants qui se sont spécialement occupés de cette matière considèrent ces météores comme appartenant aux dernières limites de l'atmosphère terrestre, entre la région des aurores boréales et celle où se forment les nuages les plus légers. La plupart s'élèvent de 14,000 à 15,000 toises. La hauteur de quelques-uns va jusqu'à 30 lieues. Leur diamètre apparent est ordinairement de 100 pieds, et leur mouvement extrêmement rapide. Ce qui distingue les étoiles tombantes des aérolithes, c'est que ceux-ci, après avoir paru pendant quelque temps comme suspendus dans l'espace, s'enflamment dès qu'ils entrent dans notre atmosphère et tombent en débris sur la terre. Il est, du reste, bien difficile de concevoir cette inflammation instantanée des météores dans une région où l'air est plus rare que dans le vide de nos machines pneumatiques.

On a supposé dans les premiers temps que des substances gazeuses dont la nature nous est encore inconnue se sont élevées au-dessus de l'air atmosphérique ; mais des expériences nombreuses, faites avec beaucoup de soin sur des gaz dont la gravité spécifique n'est pas égale, ne nous permettent pas de supposer qu'il existe au-dessus des couches inférieures de l'atmosphère des couches supérieures d'une nature toute différente ; car les gaz se pénètrent et se mêlent au moindre mouvement, et ce mélange a dû s'opérer dès les premiers âges, à moins qu'on ne suppose à ces substances des propriétés de répulsion, ce qui serait tout à fait contraire à ce qui est démontré par l'expérience.

Depuis M. de Humboldt, la question des étoiles filantes a été étudiée avec beaucoup de soin, et la périodicité de ce phénomène est aujourd'hui bien démontrée. On admet maintenant que ces étoiles tombantes sont de petits corps planétaires, probablement les débris d'une planète brisée, lesquels, en circulant dans les hautes régions de notre atmosphère, s'échauffent et deviennent lumineux par leur frottement contre l'air. On connaît deux essaims ou courants de ces astéroïdes ; nous les rencontrons sur l'écliptique, respectivement vers le 10 août et vers le 13 novembre, et ils s'interposent annuellement entre la terre et le soleil, le premier en des jours compris entre le 5 et le 11 février, le second du 10 au 13 mai, à six mois de distance respective. On leur a attribué, non sans fondement, les perturbations périodiques de la température pendant ces quatre mois.

On a remarqué, en effet, en calculant les observations météorologiques d'un grand nombre d'années, qu'il y a un réchauffement sensible de la température moyenne du 7 au 11 février, suivi d'un refroidissement du 11 au 15 ; au mois de mai, la température s'abaisse aussi du 10 au 16, à l'époque des *trois saints de glace* (11, 12 et 13 mai), si célèbres chez nos pères, qui leur attribuaient une influence néfaste pour la gelée des vignes ; pour le mois de novembre il y a aussi un réchauffement du 1er au 13 ; c'est ce regain de belle saison que l'on désigne sous le nom d'*été de la Saint-Martin,* preuve nouvelle qu'il ne faut pas dédaigner les dictons populaires, parce que souvent ils résument l'observation et l'expérience de plusieurs siècles.

Ces observations bien constatées, il a été facile de voir qu'elles correspondaient avec l'apparition des essaims d'étoiles filantes. Il est donc permis de conclure de cette double circonstance que c'est bien au passage de la terre dans le voisinage des groupes d'astéroïdes, que se rattachent ces remarquables oscillations de la température en février et en mai, en août et en novembre. Dans un des cas, ces petits astres, en s'interposant entre le soleil et nous, opèrent une extinction très notable des rayons calorifiques du soleil, et par là font baisser la température sur tous les points de la surface du globe ; dans l'autre cas, en enveloppant notre globe ils diminuent son rayonnement vers les espaces célestes, et lui renvoient une partie de la chaleur qu'ils reçoivent eux-mêmes du soleil. Ces quatre anomalies de la température terrestre, correspondant à quatre points opposés deux à deux sur l'écliptique, présentent une coïncidence manifeste avec les retours périodiques d'étoiles filantes aux mois d'août et de novembre.

Cette curieuse loi n'a pas été établie seulement pour la latitude de Paris ; on en a poursuivi l'étude pour divers autres points du globe : Berlin, Dresde, Saint-Pétersbourg, Prague, etc., et partout on est arrivé à la même conclusion. Cette conclusion jette un jour tout nouveau sur ce monde d'astéroïdes qui circulent autour du soleil, en ne manifestant leur existence que quand ils traversent l'atmosphère de la terre.

DES AÉROLITHES

Les aérolithes, ou pierres métalliques tombées sur la terre des hautes régions atmosphériques, ont une connexion marquée avec les bolides ; c'est le résultat des plus récentes observations ; car c'est toujours après l'explosion des bolides et leur extinction dans l'atmosphère qu'on a vu des aérolithes tomber sur la terre, ou qu'on les a trouvés sur le sol, au-dessous du lieu où s'est faite l'explosion du bolide. Quelquefois après l'explosion on a vu des pierres se conserver lumineuses jusqu'à leur chute sur la terre ; mais le plus souvent toute lumière disparaît au moment même de l'explosion. Ces météores se meuvent dans une direction presque horizontale, et se rapprochent ou paraissent se rapprocher de la terre avant d'éclater.

Ces pierres aériennes gardent assez longtemps leur chaleur ; quand elles sont très pesantes à raison de leur volume, elles s'enfoncent dans la terre, par l'effet de la chute, jusqu'à une certaine profondeur. Quant à leurs dimensions, elles varient beaucoup : ce ne sont quelquefois que des fragments assez légers ; quelquefois aussi ce sont des masses dont le poids excède cent kilogrammes. Leur forme est presque toujours sphérique : elles sont ordinairement recouvertes d'une croûte noire, semblable aux scories ; souvent il s'en exhale une assez forte odeur de soufre. L'analyse de quelques-unes de ces pierres a démontré qu'elles se composent en grande partie de substances métalliques, mais qu'il n'existe nulle part dans le sein de la terre aucune sorte de minéral dont les mêmes substances se trouvent unies dans la même proportion. Il est aussi démontré que les aérolithes portent la marque sensible d'une fusion imparfaite. Quant à la croûte noire, elle paraît consister en oxyde de fer.

L'existence des aérolithes ne fut pas tout à fait inconnue aux anciens ; car Tite-Live rapporte que des pierres tombèrent deux fois du haut des airs à Rome, sous le consulat de Tullius Hostilius et sous celui de M. Torquatus. Pline fait mention d'une *pluie de feu* qui eut lieu dans la Lucanie (aujourd'hui Basilicate, dans le royaume de Naples), l'année qui précéda la défaite de Crassus. Il parle également d'une pierre fort grande qui tomba dans la Thrace.

Comme l'existence et la chute des aérolithes ont été pendant longtemps contestées par des hommes d'ailleurs très instruits, nous croyons qu'il ne sera pas inutile de citer toutes les chutes d'aérolithes bien constatées, afin de lever à cet égard tous les doutes.

Le 27 novembre 1627, le fameux Gassendi a vu de ses yeux tomber un aérolithe, sur le mont Vaisic, sur la frontière de France, dans le voisinage de Nice. Tant qu'il fut dans l'atmosphère, il paraissait avoir un diamètre de quatre pieds ; il était entouré d'un cercle coloré, semblable à un arc-en-ciel ; et en touchant la terre, il produisit une détonation très violente. Il pesait 59 livres et était très dur, d'une couleur métallique assez sombre, et d'une pesanteur spécifique beaucoup plus forte que celle du marbre.

En 1672, deux aérolithes tombèrent près de Vérone en Italie, en présence de trois à quatre cents personnes; l'un pesait 150 kilogrammes, l'autre un peu moins. Ils produisirent une forte explosion, et suivirent une direction oblique, par un temps très calme. Le voyageur Paul Lucas rapporte que lorsqu'il se trouvait à Larissa, ville de la Grèce, près du golfe de Salonique, il tomba dans les environs une pierre du poids de 72 livres. Elle venait du côté du nord avec un sifflement bruyant, et paraissait enveloppée d'un nuage qui fit explosion au moment de la chute. Elle avait l'apparence de scorie, et exhalait une forte odeur de soufre.

En septembre 1753, plusieurs pierres tombèrent dans la Bresse, à l'ouest de Genève. Le ciel était serein et la température chaude. On entendit d'abord un bruit sourd, puis un sifflement aigu à Pont-de-Velye et à Lypone, deux villes séparées par un intervalle de trois lieues. Ces pierres paraissaient identiques, elles étaient de couleur brun obscur, très pesantes ; leur surface paraissait avoir subi un très haut degré de chaleur. Ce phénomène a été décrit par l'astronome de Lalande, qui prit sur les lieux toutes les informations capables de produire la certitude du fait allégué.

En 1768, on présenta trois aérolithes à l'Académie des sciences de Paris. L'un était tombé près d'un village de la province du Maine, l'autre dans le Cotentin, le troisième à Aire en Artois. Ils avaient tous la même apparence extérieure. Un rapport fut fait, relativement au premier, par MM. Lavoisier, Cadet et Fougeraux. Il résulte de ce rapport que le

18 septembre, entre quatre et cinq heures du soir, on vit au-dessus du village de Lucé planer un nuage qui après quelque temps s'entr'ouvrit. L'explosion fut suivie d'un sifflement, mais il n'y eut pas d'inflammation. Ce sifflement fut entendu par plusieurs personnes, à deux à trois lieues de Lucé; et comme à ce bruit elles levèrent la tête, elles aperçurent un corps opaque décrire dans l'air une ligne courbe, et aller tomber non loin de la grande route sur un lieu couvert de gazon. Ces personnes coururent aussitôt vers le lieu où ce corps était tombé; elles y trouvèrent une espèce de pierre à moitié enterrée, extrêmement chaude, et du poids d'environ 7 livres.

En 1789, un météore du même genre éclata près de Bordeaux; il en sortit une pierre d'environ 15 pouces de diamètre. Cette pierre tomba sur le toit d'une chaumière; un berger qui s'y trouvait avec son troupeau fut tué par la chute du toit. L'année suivante, 24 juillet, vers les neuf heures et demie du soir, il tomba près d'Agen une véritable pluie de pierres. On aperçut d'abord un globe de feu qui traversait l'atmosphère avec une rapidité extraordinaire, et laissait après lui une traînée de lumière. Au bout de 15 à 20 secondes on entendit une forte détonation, et l'on vit des étincelles jaillir de tous les sens. L'explosion fut suivie d'une pluie de pierres sur une grande étendue de terrain. Il faut dire que ces pierres tombèrent à une grande distance les unes des autres. Elles paraissaient toutes composées des mêmes substances, mais elles différaient par les dimensions; quelques-unes ne pesaient que deux onces, d'autres pesaient plusieurs livres. Celles-ci tombaient avec un sifflement qui s'entendait de loin, et elles s'enfonçaient dans la terre; les autres restaient à la surface. Au surplus, ce phénomène ne produisit pas un grand dommage; il y eut seulement quelques tuiles cassées sur plusieurs maisons de la ville. On remarqua que ces pierres ne produisaient pas en tombant le même bruit qu'aurait fait la chute d'un corps dur : c'était le bruit que fait en se répandant une matière en état de fusion imparfaite. Les pierres qui tombèrent sur du foin ou de la paille y restèrent attachées, et ce ne fut pas sans peine qu'on les en sépara.

Le 17 mars 1798, on vit passer non loin de Villefranche-sur-Saône, près de Lyon, un bolide qui répandait une lumière très vive; il éclata tout à coup avec un grand bruit à 200 toises à peu près au-dessus du sol. Le 4 juillet 1803, un bolide tomba sur un cabaret d'East-Northon, dans le comté d'Oxford. Une cheminée fut renversée, une partie du toit abattu, la laiterie convertie en un monceau de ruines, toutes les fenêtres brisées. Le choc du bolide contre la maison le fit éclater avec grand bruit; il se répandit aussitôt une forte odeur de soufre. On trouva ensuite une quantité de pierres métalliques dont la surface, de couleur foncée, était lisse et presque polie comme du métal en fusion. On remarqua aussi un nombre considérable de petits globules d'un métal blanchâtre, combinaison de nickel et de soufre. La marche de ce bolide avait été extrêmement rapide, et sa direction était presque parallèle à l'horizon.

Dans la nuit du 20 avril 1812, dans le voisinage de Laigle, petite ville de Normandie, on vit un bolide très brillant traverser rapidement l'atmosphère, et au bout de quelques secondes éclater avec un grand fracas. Le bruit dura cinq à six minutes, et se fit entendre à plusieurs lieues à la ronde. On eût dit des coups de canon tirés successivement et suivis d'un feu roulant de mousqueterie; après quoi on entendit un bruit sourd, semblable à un roulement de tambours. L'air était calme et le ciel presque sans nuages. C'était pourtant d'un nuage en apparence peu considérable que sortait tout ce bruit. Tant que les détonations durèrent, ce nuage parut immobile, mais les vapeurs dont il se composait finirent par se dissiper par l'effet des explosions qui se succédaient. Il semblait suspendu à une demi-lieue au nord de Laigle; mais il était à une si grande hauteur, que les habitants de deux villages éloignés l'un de l'autre d'une forte lieue croyaient l'avoir sur leurs têtes. A la fin, on vit tomber une multitude de pierres, dont on a évalué le nombre à 3,000 et plus, avec un sifflement semblable à celui d'une pierre lancée avec une fronde. Cette pluie de pierres tomba sur une étendue d'environ trois lieues de long sur une lieue de large. La direction suivie par le météore est exactement la même que celle du méridien magnétique; ce qui est assez remarquable. Les pierres qu'on avait recueillies étaient ou restèrent friables plusieurs jours après leur chute; elles ont acquis ensuite une grande dureté.

Ce n'est pas seulement en Europe qu'on a vu des aérolithes tomber sur la terre. Le 19 décembre 1798, à huit heures du soir, à Bénarès et dans plusieurs villes voisines, on entendit un bruit sourd qui excita l'attention des habitants, principalement de ceux de Grakhout, à quatorze milles de Bénarès. Presque au même instant ces derniers aperçurent la vive lumière que répandait un globe de feu; ils entendirent immédiatement une forte détonation semblable à un violent coup de tonnerre, et l'instant après le bruit de plusieurs corps solides qui tombaient autour d'eux. Le lendemain matin ils virent qu'en plusieurs endroits la terre paraissait avoir été remuée : ils y trouvèrent des pierres de formes diverses, plantées sur le sol, où elles s'étaient enfoncées d'environ six pouces.

Nous pourrions citer beaucoup d'autres exemples d'aérolithes tombés des hautes régions; nous en avons assez dit pour prouver leur existence et convaincre les plus incrédules. Mais c'est là tout ce que nous pouvons obtenir de plus certain. Quant à la théorie de ces phénomènes, elle est encore toute conjecturale. On suppose que les aérolithes sont les débris d'une planète qui, en circulant autour du soleil, finissent par entrer dans notre atmosphère et par subir la loi d'attraction de la terre. Ils s'échauffent par leur marche rapide dans l'air, deviennent brûlants, se fondent à la surface, et font enfin explosion, en dispersant çà et là leurs fragments.

DES AURORES BORÉALES ET AUSTRALES

Le magnifique et brillant météore qu'on désigne par ce nom est regardé généralement comme la manifestation de l'électricité du globe. On l'appelle *aurore boréale* ou *lumière septentrionale*, quand il se montre vers le pôle nord; *aurore australe* ou *lumière méridionale*, quand il se fait voir au pôle opposé;

si le phénomène paraît plus brillant et plus rayonnant qu'à l'ordinaire, on l'appelle *lumière boréale*, et si ses rayons décrivent une ligne courbe comme celle de l'arc-en-ciel, on se sert des mots *arcs lumineux*.

L'aurore boréale ne se montre guère que dans l'hiver ou dans les étés froids; sa lumière est rouge, tirant un peu sur le jaune; il en jaillit des rayons qui semblent partir de l'horizon et s'élancer vers le zénith, sous une forme pyramidale légèrement ondulée. Ce météore ne se montre jamais sous l'équateur; mais depuis peu d'années il paraît fréquemment au pôle sud. Dans notre hémisphère il s'étend depuis le pôle jusqu'au 50° de latitude et au 30° au moins de longitude, ce qui comprend toute la partie septentrionale de l'Europe. La hauteur à laquelle sa lumière s'élève n'est pas moins surprenante; on a calculé que la lumière de l'aurore boréale de 1737 était montée jusqu'à 175 lieues au-dessus de l'horizon.

Le capitaine Cook, dans son premier voyage, remarqua, tandis qu'il traversait le tropique du Capricorne, une espèce d'aurore australe donnant une lumière rougeâtre, mais terne, s'étendant à 30° au-dessus de l'horizon. Des rayons d'une lumière plus brillante s'élançaient de bas en haut à travers ce vaste rideau, disparaissaient ensuite et se renouvelaient. Dans son second voyage, en 1773, il eut, pendant plusieurs nuits consécutives du mois de mars, le spectacle d'une véritable aurore. C'étaient, dit-il, de longs jets d'une lumière blanche et brillante qui jaillissaient de l'est et s'élevaient presque jusqu'au zénith. Insensiblement cette lumière se développa, s'étendit et couvrit toute la partie méridionale. Ces colonnes lumineuses se penchaient de côté, vers leur extrémité supérieure. La seule différence qui existât entre ce phénomène et l'aurore boréale de notre hémisphère était dans la couleur constamment blanche de la lumière australe, tandis que dans le nord elle se montre sous plusieurs teintes, depuis le rouge terne jusqu'à la riche couleur de la pourpre. Les étoiles s'apercevaient quelquefois à travers cette lumière; tout le reste du ciel était serein, l'air vif et froid; le thermomètre se maintenait au point de glace. Le vaisseau se trouvait alors sous le 58° de latitude.

DE LA LUMIÈRE BORÉALE OU RAYONNANTE

Le 8 octobre 1726, vers les huit heures du soir, dans plusieurs villes de l'Angleterre, on remarqua des rayons de lumière qui s'élevaient, en étincelant, de tous les points de l'horizon. Ils avaient assez généralement la forme de langues de feu ; quelques-uns ressemblaient à des pyramides tronquées, et n'arrivaient qu'à la moitié de la hauteur qu'atteignaient les autres ; ceux-ci, laissant retomber un peu de leurs pointes, formaient une espèce de dôme ou de dais dont la couleur passait du rouge au brun. De temps en temps ces pyramides semblaient lancer des traits de flammes ; quelquefois elles s'entouraient de rayons lumineux. Toutes ces flammes, ces feux, ces rayons, ces torrents de lumière que l'horizon fournissait de tous les points, semblaient monter avec force, comme s'ils avaient obéi à l'impulsion d'un agent placé au-dessous ; on voyait souvent ce dais se balancer comme un nuage et même tourner en rond. Toutes ces pyramides se détachaient très distinctement sur le fond de vapeurs d'un rouge vif, lequel semblait tapisser l'horizon : ce qui donnait à cette partie de l'atmosphère l'apparence d'un vaste enclos entouré de piliers de porphyre. Au nord et au sud, les rayons étaient perpendiculaires à l'horizon ; dans les points intermédiaires ils s'inclinaient plus ou moins à l'est et à l'ouest. Plusieurs personnes déclarèrent que, pendant tout le temps que le phénomène avait duré, elles avaient entendu tantôt des sifflements aigus, tantôt des craquements, comme cela arrive dans les tremblements de terre.

En 1737, le 16 décembre, vers le soir, les habitants de Naples virent tout à coup le ciel vivement éclairé du côté du nord, comme si l'atmosphère eût été en feu. Cette lumière s'étendit par degrés jusqu'à l'ouest ; elle s'éleva d'environ 65°. A son extrémité supérieure elle paraissait dentelée et doucement agitée par le vent ; elle avait un mouvement d'ondulation très marqué. Vers les huit heures, on vit s'élever sur l'horizon un arc très régulier, d'environ 20° d'ouverture, mais de 2° seulement de hauteur. Deux heures plus tard, les couleurs commencèrent à s'affaiblir, ce qui dura près de deux autres heures ; à minuit, il ne restait plus de traces de ce brillant phénomène, qui, au surplus, fut vu aux mêmes heures dans plusieurs villes de l'Italie.

A Padoue, on vit d'abord à l'horizon, vers les cinq heures du soir, une large bande noirâtre dont le bord supérieur, d'un bleu foncé, se confondait avec l'azur des cieux. Au-dessus de cette bande, il s'en forma une autre d'un rouge vif, très lumineuse ; un peu après six heures, des rayons ou jets de lumière s'échappèrent des deux bandes ; cette lumière était d'un beau rouge, quelquefois coupée de lignes blanches ou noires. Presque au même instant une colonne de lumière rouge, très brillante, s'éleva de l'horizon du côté de l'ouest, et monta rapidement jusqu'à 60° de hauteur. Après un instant de repos, sa partie supérieure descendit vers la terre, et forma un arc très étendu comme un arc-en-ciel. A huit heures et demie, la bande rouge ou supérieure devint plus brillante et s'éleva dans les airs. Au-dessus de celle-là il s'en forma une troisième, de laquelle sortirent des jets sans nombre de lumière. A minuit tout avait disparu.

Ce même phénomène fut aperçu à Bologne. La lumière qu'il répandait était si vive, qu'à une grande distance on pouvait très bien apercevoir cette ville et même en distinguer les maisons. A neuf heures du soir, le météore disparut ; mais il fut remplacé par une infinité d'étoiles tombantes, du côté du sud. A Rome, on jouit à peu près du même spectacle qu'à Bologne. Il paraît même qu'on l'eut aussi à Édimbourg, sauf quelques changements.

DES ARCS LUMINEUX

Dans le mois de mars 1774, on eut à Buxton, ville d'Angleterre, le curieux spectacle d'un arc lumineux, d'un blanc tirant sur le jaune ; la largeur de sa couronne était égale à celle de l'arc-en-ciel, mais ses deux piles s'élargissaient à mesure qu'elles étaient plus près de la terre. Cet arc parut stationnaire et il n'en sortit aucun jet de lumière ; il se dissipa peu à peu au bout d'une demi-heure. Sa direction était du nord-est au sud-ouest.

Le 12 avril 1783, entre neuf et dix heures du soir, on vit à Leeds, dans le Yorkshire, un arc lumineux de même nature, mais beaucoup plus étendu. Il semblait formé de colonnes lumineuses, sujettes à des oscillations sensibles. Au bout de dix minutes, une innombrable quantité de jets de lumière sortirent de sa partie septentrionale dans une direction descendante ; ces jets de lumière ou plutôt ces brillantes étincelles étaient d'un beau rouge cramoisi. Après quelques minutes, ce côté de l'arc cessa de briller, et se convertit en une bande nuageuse de couleur jaune, qui s'étendit dans l'atmosphère en forme de quart de cercle. L'arc tout entier finit par se confondre avec l'aurore boréale, qui ne tarda pas à se montrer.

L'un des météores de ce genre les plus remarquables fut vu à Paris le 19 octobre 1729, vers les sept heures du soir. On aperçut d'abord deux arcs lumineux qui s'étendaient du nord-est à l'ouest. Le plus grand semblait s'élever de 25° au-dessus de l'horizon. Il en sortait de temps en temps des jets cylindriques d'une vive lumière. Au bout d'une heure, ces jets de lumière devinrent si nombreux, s'élevant sous mille formes diverses, que tout le ciel paraissait en feu. Vers le zénith, cette lumière formait une espèce de couronne qui brillait d'un vif éclat. Dans le même temps on apercevait deux nuages d'un rouge vif, l'un à l'orient et l'autre à l'occident. On crut alors que ce phénomène n'avait été produit que par l'inflammation des exhalaisons nitreuses, sulfureuses et bitumineuses, accumulées dans le nord par les courants magnétiques qui circulent sans cesse d'un pôle à l'autre. On croit assez généralement aujourd'hui que la véritable cause productive de ce phénomène est l'électricité.

DES CAUSES DES AURORES BORÉALES

Peu de questions ont été aussi débattues parmi les savants que celle de l'aurore boréale ; il n'en est pas qui ait fait naître plus de systèmes. Nous ne parlerons pas des anciens tels qu'Aristote, et longtemps après lui Sénèque dans ses *Questions naturelles*, qui les attribuent, le premier au frottement de la sphère du feu et de la sphère de l'air, frottement qui enflamme les vapeurs s'exhalant de la terre ; le second, à la violence des vents, à la grande chaleur du ciel, au mouvement des corps célestes, etc. ; nous arriverons à la fin du XVIIe siècle, ou l'on a commencé à s'occuper sérieusement des causes de ce phénomène. Suivant l'opinion générale de ce temps, l'aurore boréale n'était pas autre chose que l'embrasement des exhalaisons terrestres. On supposait l'existence d'une nuée horizontale, qui fournissait la *matière de l'aurore boréale*, et cette matière, dans le même système, se composait d'exhalaisons diverses qui, après s'être mêlées, entraient en fermentation, ce qui finissait par les embraser. Quelques physiciens, embrassant une autre opinion, imaginèrent que les neiges et les glaces du pôle réfléchissaient les rayons solaires vers la surface concave des couches supérieures de l'atmosphère, et que de là ils nous étaient renvoyés sous les apparences de feu et de flamme.

M. de Mairan, qui fit des aurores boréales un objet particulier d'études, admet une atmosphère solaire, lumineuse par elle-même ou éclairée par les rayons de cet astre. « Cette lumière, dit-il, faible et blanchâtre, se montre principalement au printemps, un peu avant le coucher du soleil ; en automne elle paraît avant son lever. Si la matière de cette atmosphère s'approche assez de la terre pour être plus exposée à l'attraction de cette planète qu'à celle du soleil, elle tombe dans notre atmosphère ; mais, repoussée aussitôt par le mouvement de rotation du globe terrestre, beaucoup plus sensible à l'équateur qu'aux pôles, elle se porte vers les pôles, où elle s'accumule. » Cette hypothèse de Mairan, très ingénieuse, eut beaucoup de succès, et l'on cessa de croire aux exhalaisons enflammées par suite de la fermentation ; mais les savants ne furent nullement convaincus. Le fameux Euler lui fit une objection qui n'était pas facile à résoudre : l'aurore boréale s'élève souvent à 200 et 300 lieues au-dessus de l'horizon, et dans le système de de Mairan ce phénomène est nécessairement placé dans notre atmosphère ; il faut donc que, contrairement à ce qui nous est démontré par l'expérience, l'atmosphère terrestre s'élève à une hauteur de beaucoup supérieure à celle qu'on lui attribue, laquelle ne paraît pas excéder 12 à 15 lieues. Euler avait raison sans doute ; mais ce qu'il imagina pour remplacer l'hypothèse de de Mairan ne valait guère mieux. « Les rayons solaires, dit-il, en exerçant une impulsion constante sur les particules de l'atmosphère terrestre, les chassent à une grande distance et les rendent lumineuses, en se réfléchissant sur leurs surfaces. » Mais Euler, malgré l'autorité de son nom, ne put persuader à personne que l'action des rayons solaires, traversant le vide immense qui sépare la terre du soleil, s'exerçait efficacement sur notre atmosphère, celle-ci eût-elle deux à trois cents lieues de hauteur.

D'autres physiciens, se fondant sur la correspondance souvent remarquée entre l'apparition de l'aurore boréale et les affolements de l'aiguille aimantée, ont cherché la cause du phénomène dans l'action du fluide magnétique. D'autres encore, Franklin à leur tête, ont prétendu la trouver dans l'électricité ; mais Franklin, considérant le fluide électrique comme tout à fait étranger à l'action magnétique, a supposé que l'électricité était transportée de l'équateur aux pôles par les nuages qui en sont chargés, et que ces nuages la répandaient ensuite sur la terre avec la neige qui tombait de leurs flancs. « Là, disait-il, elle s'accumule ; après quoi, traversant l'atmosphère, elle arrive jusqu'au vide qui est au-dessus, se dirige vers l'équateur, en divergeant comme les méridiens, et formant ces jets de flamme, ces gerbes de lumière, ces arcs lumineux, ces colonnes qu'on remarque dans les aurores boréales. » Au reste, il est bon de dire que Franklin ne s'exprimait que sur le ton du doute ; car il sentait bien que son hypothèse n'avait aucun fondement sur l'expérience.

Buffon, profitant de toutes les discussions scientifiques auxquelles avaient donné lieu tant de théories diverses, imagina, comme Franklin, que l'électricité jouait ici un grand rôle; mais il lui sembla que le fluide magnétique concourait avec l'électricité pour produire le même résultat. L'aurore boréale fait varier sensiblement l'aiguille aimantée, et des pointes de métal isolées dans les tubes de verre s'électrisent fortement. L'aurore boréale décline toujours du nord à l'ouest, l'aiguille aimantée a la même déclinaison; au moment du phénomène on a souvent entendu des pétillements semblables à ceux des étincelles électriques. Buffon avait fait toutes ces remarques; elles le conduisirent à penser que le phénomène était produit par la réunion des deux fluides électriques et magnétiques. Les savants dédaignèrent l'hypothèse de Buffon; ils voulaient bien reconnaître en lui le grand naturaliste, mais il avait à leurs yeux contre lui sa théorie romanesque de la terre; on ne voulait pas l'écouter comme physicien.

D'autres systèmes ont été présentés; mais on les a jugés insoutenables, et on est peu à peu revenu à celui de Buffon. Les variations de l'aiguille aimantée par l'aurore boréale, l'électrisation des pointes de fer isolées, sont des faits avérés; mais comment un corps, une matière quelconque, pourrait-elle communiquer l'électricité à une autre matière, si le corps n'avait pas en lui-même la vertu électrique? Personne d'ailleurs ne conteste aujourd'hui qu'il n'y ait entre les deux fluides beaucoup d'affinité, ou, pour mieux dire, que le magnétisme et l'électricité ne soient deux modifications du même fluide. Aussi nous ne doutons nullement que l'électricité ne soit une cause très active de la production du phénomène. Mais comment l'action du fluide électrique s'exerce-t-elle? Cette action a-t-elle lieu dans l'atmosphère terrestre ou au-dessus d'elle? à la surface de la terre, ou à une immense hauteur? A quelle cause surtout faudra-t-il attribuer la prodigieuse accumulation d'électricité qui se fait vers les pôles, accumulation capable de produire des effets aussi étendus et à de telles distances? Ce sont là des questions que nous pouvons proposer, mais qu'il ne nous est pas donné de résoudre. Nous doutons même que jamais elles reçoivent une solution satisfaisante.

A force d'observations et de recherches, l'homme peut arriver à la connaissance des choses qu'il lui est permis de soumettre à l'expérimentation. On est parvenu à connaître l'existence du magnétisme et de l'électricité, parce que, ces fluides circulant dans notre atmosphère et, pour ainsi dire, au milieu

Aurore boréale.

de nous, il a été possible de faire sur eux des expériences dont le résultat est positif; il a été possible, par la même raison, de peser l'air, de le raréfier, de le condenser, de calculer la marche et la distance des astres, parce que cela s'est fait par des règles de proportion qui nous conduisent du connu à l'inconnu. Mais il est des choses que le Créateur a mises au-dessus de notre intelligence en les plaçant, pour ainsi dire, hors de notre sphère d'action, là où nos expériences ne peuvent les atteindre. Or comment opérer sur les aurores boréales, sur ces masses insaisissables de lumière ou de feu, à deux ou trois cents lieues au-dessus de notre atmosphère?

Toutefois plusieurs physiciens de talent pensent que l'aurore boréale a lieu dans notre atmosphère et non au-dessus; voici comment ils raisonnent. La matière lumineuse se maintient plusieurs heures au-dessus de l'horizon, toujours à la même hauteur; il faut donc nécessairement qu'elle subisse le même mouvement que l'atmosphère, c'est-à-dire qu'entraînée avec l'atmosphère, elle tourne comme elle; car, la terre tournant constamment sur son axe, il est évident que, si le phénomène brillait au-dessus de l'horizon, on le verrait descendre au-dessous de l'horizon, comme on y voit descendre le soleil à son coucher. Or le phénomène ne change point de place, il est donc entraîné avec l'atmosphère; mais, pour être entraîné par l'atmosphère, il faut qu'il y soit contenu. Deux aurores boréales ont été observées à la même heure en des lieux différents par *diverses* personnes; mais elles n'ont pas été vues à la fois par la *même* personne, ce qui prouve qu'elles n'étaient pas à une grande hauteur; car si une aurore boréale s'élevait à deux ou trois cents lieues, comme on l'a supposé, un observateur placé, par exemple, à Limoges, devrait voir deux aurores qui auraient lieu à Calais et à Bayonne. Il est arrivé, au contraire, que la même aurore boréale, observée par deux personnes placées à une certaine distance l'une de l'autre, a fourni la preuve que sa couronne ne se trouvait pas à plus de quatre lieues au-dessus de l'horizon. Cependant des observations du même genre, recueillies par l'Anglais Dalton sur l'aurore boréale aperçue et mesurée à Manchester et à Édimbourg le 29 mars 1826, ont montré qu'elle s'élevait de plus de quarante lieues au-dessus de la terre.

Ces derniers faits paraissent contradictoires; mais si, comme nous le pensons, l'électricité seule produit le phénomène, il est aisé de les concilier. En effet, la source du fluide électrique et magnétique est au sein de la terre. Ce fluide, en jaillissant, s'élance dans les airs et s'élève plus ou moins, suivant qu'il est plus ou moins abondant, plus ou moins excité à monter par l'impulsion primitive. On peut même avancer que plus ce fluide monte dans l'atmosphère, plus il devient vif et brillant. L'étincelle électrique à l'air libre est petite et maigre; dans l'air raréfié, elle s'étend, se dilate et s'élargit jusqu'au point de remplir la capacité tout entière d'un tube de verre de deux à trois pouces de diamètre, à travers lequel on la fait passer. Si le fluide électrique s'élève aux plus hautes régions atmosphériques ou même au-dessus d'elles, il doit y recevoir, en s'enflammant, une dilatation prodigieuse; de sorte que ces gerbes de feux, ces jets de lumière qui semblent avoir tant d'étendue, ne proviennent peut-être que d'une quantité médiocre de fluide.

Tout cela n'est qu'hypothétique, bien que très vraisemblable. Au reste, la science marche. Le résultat positif est peut-être plus près de nous que nous ne le pensons; il n'a fallu quelquefois qu'un instant pour arriver aux plus importantes découvertes. Au fond l'homme religieux se contente, lorsqu'il est en présence de ces magnifiques merveilles, des lumières que l'Auteur de la création a daigné lui accorder. Il cherche moins à connaître les causes de ces brillants phénomènes, qu'à diriger vers Dieu le sentiment d'admiration qu'il éprouve. Si quelque circonstance le rend ensuite témoin d'une de ces fêtes où l'industrie humaine lance dans les airs des feux brillants, il applaudira sans doute à cette industrie, mais il dira : Qu'il y a loin de ces pâles imitations aux ouvrages de la nature! La distance n'est pas moins grande que celle qui existe entre l'homme et Dieu.

FEUX FOLLETS, FEUX SAINT-ELME

Les feux follets, qui ont été bien longtemps un objet de terreur pour le vulgaire ignorant, sont regardés maintenant comme des gaz émanant de matières animales ou végétales en décomposition, et s'enflammant spontanément dans l'air atmosphérique. Ils n'ont ni densité ou solidité, ni dureté; ce sont des feux subtils et légers qu'on voit voltiger à la surface des marais, des prairies, sur les épis avant la moisson; jamais ils ne s'élèvent dans les hautes régions atmosphériques. Ces feux sont en général inoffensifs; mais quand on pense que presque en tout pays on les a regardés comme très dangereux, ou tout au moins comme de fort mauvais augure, il est probable qu'ils ont, dans quelque occasion, causé de grands dommages dont le souvenir confusément conservé a continué d'inspirer des terreurs ridicules.

Ces feux se montrent très fréquemment dans le territoire de Bologne en Italie. On en voit presque toutes les nuits dans les terrains marécageux, répandant une lumière semblable à celle d'une torche, quelquefois beaucoup moindre, mais toujours assez vive pour qu'on puisse voir les objets environnants. Ces feux sont toujours en mouvement; mais leurs mouvements sont irréguliers comme le vol des papillons. Tantôt ils s'élèvent dans l'air, tantôt ils descendent jusqu'à la surface du sol; quelquefois ils disparaissent subitement pour reparaître au bout d'un instant à une autre place. D'ordinaire ils se maintiennent à quelques pieds de terre; leurs dimensions n'ont rien de stable, ils s'étendent ou se contractent alternativement, se divisent en deux, se réunissent de nouveau; assez souvent on les voit serpenter, onduler, laisser tomber quelque parcelle de matière enflammée, comme les étincelles qui jaillissent du feu; ils se montrent plus souvent l'hiver que l'été, donnent une plus vive lumière quand le temps est humide ou pluvieux.

On appelle *dragon volant*, à cause de sa forme, une exhalaison lumineuse et couleur de feu qu'on voit souvent dans les lieux marécageux, dans les pays froids, mais plus ordinairement l'été que l'hiver. Il a la forme ovale, quelquefois ronde, a toujours une longue queue, et tantôt voltige à fleur de terre au milieu des spectateurs, tantôt s'élève à une assez grande hauteur. Ce météore est inoffensif.

La chimie rend bien compte du phénomène des feux follets. Ces feux ne sont que du gaz hydrogène phosphoré, qui a la propriété singulière de s'enflammer spontanément dans l'air, et qui se produit en plus ou moins grande quantité dans les lieux où se décomposent des matières animales ou végétales, comme les cimetières ou les marécages. Dans les laboratoires, on produit ce gaz en mélangeant dans un flacon une dissolution concentrée de potasse caustique avec quelques fragments de phosphore, et en chauffant ce mélange. On fait dégager le gaz sous l'eau au moyen d'un tube : chaque bulle qui arrive dans l'air s'enflamme et produit une couronne de vapeurs blanches qui s'élargit à mesure qu'elle arrive dans l'air ; ces couronnes

Feu Saint-Elme.

sont fort régulières quand l'air est tranquille. Telle est l'explication fort simple du phénomène des feux follets.

On entend par *feux Saint-Elme* des feux volants, des aigrettes lumineuses que dans les temps orageux les marins aperçoivent attachés au sommet de leurs mâts, sans toutefois les brûler. Les anciens les désignaient sous le nom de *Castor et Pollux*, parce qu'ordinairement on en voit deux, ce qu'ils regardaient comme d'un heureux présage. Quand il n'y en avait qu'un, ils l'appelaient *Hélène*, et c'était pour eux le signe prochain d'une tempête. Ce phénomène, qui n'a rien de commun avec les feux follets terrestres, a pour cause l'électricité neutre du navire, et l'électricité de nom contraire, étant attirée par le nuage orageux, se porte sous forme d'aigrette brillante aux pointes des mâts, par lesquelles elle s'écoule dans l'atmosphère.

PHÉNOMÈNE DE LA RÉFRACTION

On entend par réfraction une déviation des rayons lumineux de leur direction naturelle lorsqu'ils passent d'un milieu dans un autre milieu plus ou moins dense, tel que l'air, l'eau, le verre, etc. On appelle milieu tout corps fluide ou solide à travers lequel passent des rayons.

Pour qu'il y ait réfraction quand le soleil passe d'un milieu dans un autre, il faut qu'il entre obliquement dans le second milieu ; car si la ligne d'incidence était perpendiculaire, il n'y aurait pas de réfraction.

Quand le rayon entre d'un milieu dans un milieu plus dense, il subit une réfraction qui le fait remonter au-dessus de la ligne qu'il aurait parcourue s'il n'y avait pas eu de réfraction. Le contraire arrive quand le second milieu est moins dense : le rayon retombe au-dessous de sa direction primitive.

Pour voir le phénomène de la réfraction il suffit de plonger un bâton dans l'eau : le bâton semble brisé à partir de la surface du liquide. De même un corps placé au fond d'un vase opaque, et invisible pour un point déterminé, devient visible quand on emplit le vase d'eau, les rayons lumineux subissant une déviation qui apporte à l'œil l'image de l'objet.

Par un effet de la même loi, les astres ne paraissent jamais au lieu qu'ils occupent réellement, à moins qu'ils ne soient au zénith, et ils semblent toujours plus élevés sur l'horizon qu'ils ne le sont en réalité ; car leurs rayons, traversant des couches atmosphériques de plus en plus denses, parcourent les côtés d'un polygone, au lieu de marcher en ligne droite, et décrivent une courbe concave vers la terre. C'est ainsi que le soleil et les astres nous paraissent sur l'horizon quand ils sont encore au-dessous de ce point, soit au lever, soit au coucher ; nous les voyons donc plus longtemps sur notre horizon qu'ils n'y sont en réalité.

LE SPECTRE DU MONT BROCKEN

Les couches atmosphériques étant d'autant plus denses qu'elles sont plus rapprochées de la terre, comme nous venons de le dire, les rayons lumineux y éprouvent toujours une déviation plus ou moins considérable. Il en résulte plusieurs phénomènes fort intéressants et qui ont toujours appelé l'attention des curieux. Si, par exemple, un objet se trouve devant quelque nuage capable de réfléchir les rayons qu'il reçoit, la figure de cet objet va se peindre sur ce nuage, le plus souvent avec des formes extraordinaires ou gigantesques.

Entre plusieurs phénomènes opérés par la réfraction, nous ne citerons que celui du mont Brocken[1].

Le spectre du Brocken est, en effet, un des plus curieux phénomènes de réfraction qu'il soit possible de voir. Il a été aperçu à diverses époques par plusieurs voyageurs, qui n'ont pas manqué d'en parler dans la relation de leurs voyages. Nous laisserons parler M. Haue, l'un d'eux, qui, ayant entendu vanter ce phénomène, et voulant le voir de ses yeux, était monté plusieurs fois sur le mont Brocken, où il s'opérait. « J'avais gravi trente fois le mont Brocken, et je n'avais rien vu ; mais à la fin j'obtins le prix de ma persévérance, et j'eus la satisfaction de voir le phénomène. Le soleil se leva vers les quatre heures ; l'air était calme et le ciel serein du côté de l'est, de sorte que les rayons du soleil pouvaient passer sans obstacle par-dessus le mont Henrich ; mais au sud-ouest, vers le mont Achtermann, un vent frais d'ouest amena quelques vapeurs. Au bout d'un quart d'heure je regardai autour de moi, et à ma grande surprise j'aperçus à une distance considérable, vers

[1] Montagne qui fait partie de la chaîne de Harz, dans le Hanovre.

le mont Achtermann, une figure d'homme d'une taille plus que colossale. Un coup de vent ayant manqué de faire tomber mon chapeau, j'y portai vite la main pour le retenir ; et comme pour cela je dus lever le bras, le spectre imita ce mouvement. Je ne saurais peindre le plaisir que je ressentis ; car j'avais déjà fait bien des fois le voyage, et toujours inutilement. Je fis aussitôt un nouveau mouvement en baissant mon corps en avant comme pour saluer, et la figure me rendit le salut. Je voulus réitérer l'épreuve ; mais le fantôme s'était évanoui. Je restai quelque temps dans la même position, espérant que mon colosse reparaîtrait, et mon attente ne fut point trompée : au bout de quelques minutes il reparut au sommet de l'Achtermann. J'appelai alors le maître d'une hôtellerie voisine, et nous prîmes ensemble la position que j'avais d'abord occupée ; mais nous eûmes beau regarder, nous n'aperçûmes rien. Nous attendîmes, et bientôt deux grandes figures se firent voir sur cette éminence. Ces figures répétèrent très exactement tous les mouvements que nous fîmes, puis elles disparurent pour revenir encore ; mais cette fois elles étaient trois au lieu de deux : c'est qu'un voyageur était venu se joindre à nous. »

LE MIRAGE

Ce curieux phénomène a été remarqué pour la première fois, ou du moins décrit et expliqué, par Monge, l'un des savants français qui accompagnèrent Bonaparte en Égypte. Il paraît être d'ailleurs assez commun dans les déserts de sable qui s'étendent entre Alexandrie et le Caire, le Nil et la Libye. Le mirage donne l'apparence d'une vaste nappe d'eau, dans laquelle on voit l'image renversée du ciel, des villages, des arbres, etc. Ce phénomène n'est point dû à l'évaporation de l'eau, comme l'ont pensé quelques écrivains ; il résulte uniquement du plus ou moins de densité de l'atmosphère à la surface du sol, comparativement aux couches supérieures. En général, cette densité augmente en raison de la proximité du sol ; dans ces plaines de sable brûlant, la température est si élevée, que, dans la couche atmosphérique voisine du sol, l'air est extrêmement raréfié, et qu'il ne devient plus dense que dans les couches supérieures. Si l'observateur se trouve dans un lieu plus élevé que le sol où le phénomène se montre, et au-dessus des couches plus denses que la couche contiguë à la terre, il ne reçoit que par réflexion

Le mirage.

les rayons qui partent des objets, et qui subissent une réfraction considérable en traversant le milieu plus dense; ce qui lui fait voir les objets renversés.

Un voyageur anglais raconte qu'à son départ du village d'Utko pour Rosette il aperçut, en traversant le désert, un lac immense ou bras de mer entre cette ville et la caravane dont il faisait partie. Les Arabes qui marchaient à côté des montures des voyageurs se mirent tout à coup à crier : *Raschid! Raschid!* c'est le nom qu'ils donnent à Rosette. Les voyageurs virent en effet, mais en apparence, au delà de ce qu'ils regardaient comme un lac, les minarets et les édifices de la ville. Ils virent de même les bosquets de sycomores et de palmiers qui s'élèvent autour de la ville ; l'image de tous ces objets leur était fidèlement renvoyée par cette eau qu'ils apercevaient devant eux. « Je demandai aux Arabes, dit l'auteur de la relation, comment nous allions faire pour traverser le lac. Notre interprète, aussi convaincu que nous tous que nous avions de l'eau devant nous, fut près de se fâcher contre les Arabes, qui lui répondirent que dans une heure nous arriverions à Rosette, qu'il n'y avait pas d'eau à traverser, mais seulement du sable. « Vous me « prenez donc pour un idiot? s'écria-t-il en colère : je ne dois « pas en croire au témoignage de mes yeux ? » Les Arabes se mirent à rire, et pour toute réponse ils le prièrent de se retourner ; ce qu'il fit. Nous l'imitâmes tous, et, à notre grande surprise, nous vîmes derrière nous le lac prétendu s'étendant jusqu'à l'horizon.

« J'ai eu plusieurs fois occasion, continue l'auteur, de voir le même phénomène, dont je n'avais pas eu jusque-là la moindre idée, et je ne l'ai jamais remarqué sans me rendre compte de la déception cruelle des voyageurs que tourmente une soif brûlante, et devant qui s'éloigne l'image trompeuse de cette eau si ardemment désirée, à mesure qu'ils avancent vers elle. »

LA FÉE MORGANE

Une illusion d'optique qui souvent se développe dans le phare ou détroit de Messine est pour les habitants de cette ville une occasion de fêtes et de divertissements. Ce sont des figures fantastiques qui se montrent dans l'air et au-dessus de la mer. Aussitôt que les premières figures se font voir, les curieux, qui sont toujours partout en grand nombre, courent par les rues et dans la campagne, appelant leurs connaissances et leurs amis pour les faire jouir avec eux du spectacle aérien qui se prépare. Quelques précautions sont, au surplus, nécessaires pour que la vision soit complète : il faut d'abord que le spectateur tourne le dos à l'orient ; il faut ensuite qu'il se place en arrière de la ville et sur quelque lieu élevé d'où l'on puisse voir la baie, au delà de laquelle s'élève comme un mur la montagne de Messine. Il est encore nécessaire que le temps soit calme, la surface de la mer unie, et que ses eaux pressées par le courant acquièrent une grande hauteur vers le milieu du canal. Quand toutes ces circonstances se rencontrent, aussitôt que le soleil s'élève au-dessus des montagnes qui sont au delà de Reggio, sur la côte de Naples, et qu'il parvient à former avec l'horizon un angle de 45°, tous les objets qui sont à Reggio se représentent sur la surface de l'eau et s'y répètent cent fois, comme cela arrive dans un miroir à facettes. Chaque image se peint sur chaque onde que le courant emporte, de sorte que c'est un tableau mouvant qui se déroule sous les yeux, et dont chaque partie disparaît, chassée par celle qui la suit. Quand l'air est chargé de vapeurs et qu'il ne fait pas de vent, tous ces objets se réfléchissent dans l'air, où ils apparaissent à trente pieds environ de hauteur au-dessus de l'eau ; si le temps est couvert et pesant, chaque figure qui se montre sur les eaux est entourée d'une espèce d'auréole de couleurs diverses.

C'est là ce que le peuple appelle la fée Morgane, parce que, autrefois, la populace ignorante et superstitieuse attribuait aux fées ces surprenantes apparitions ; et il est à présumer que cette croyance lui venait des Arabes, qui furent pendant assez longtemps possesseurs de la Sicile (depuis 827 jusqu'en 1074).

EXEMPLE ÉTONNANT DE RÉFRACTION ATMOSPHÉRIQUE

Le 26 juillet 1780, sir William Latham, habitant de la ville de Hastings, dans le comté de Sussex, se trouvant, vers les cinq heures du soir, dans sa maison située non loin de la mer, vit un grand nombre d'habitants se porter en courant vers le bord de l'eau. Il demanda la cause de tout ce mouvement; on lui répondit qu'on apercevait très distinctement à l'œil nu toute la côte de France. Sir William suivit la foule et se rendit sur le rivage. De là, sans le secours d'aucun instrument, il distingua très bien toutes les dunes ou collines de la côte opposée, qui en ce lieu se trouve à 40 ou 50 milles de distance de celle de l'Angleterre [1], et qu'à raison de la situation il est impossible de voir, même avec les meilleurs télescopes. La côte de France paraissait être tout au plus à trois lieues de distance. Les marins et les pêcheurs qui assistaient à ce prodigieux spectacle ne pouvaient croire que c'était bien la France qu'ils apercevaient; mais à la fin, en reconnaissant toutes les places qu'ils fréquentaient habituellement, les environs de Boulogne, de Saint-Valéry et de toute la côte de la Picardie, ils ne purent plus conserver de doute.

Sir William, étant alors monté sur une colline située à l'est d'Hastings, muni d'un bon télescope, assura qu'avec cet instrument il distinguait clairement les bateaux des pêcheurs français, les terres de la côte et les maisons du rivage. Ce phénomène dura jusqu'à huit heures du soir, et il fut constamment visible, malgré les nuages qui de temps en temps interceptaient la lumière du soleil. Les plus anciens habitants d'Hastings n'avaient jamais vu ce spectacle, qui fut d'ailleurs commun aux habitants de Winshelsea et de plusieurs autres villes maritimes du comté de Sussex. La journée avait été excessivement chaude, et le vent ne s'était pas fait sentir.

PARHÉLIES OU FAUX SOLEILS

On désigne par le nom de parhélie l'apparition simultanée de plusieurs soleils, ou plutôt de plusieurs images du soleil, unies entre elles par un grand cercle blanc, horizontal, placé à la même hauteur que le soleil lui-même. Ce phénomène, qu'on ne peut guère attribuer qu'à la réflexion des rayons so-

[1] Le mille anglais vaut 923 toises environ, ou 1,800 mètres.

laires par quelque nuage après qu'ils ont subi quelque réfraction qui les décompose, est très difficile à expliquer, ou pour mieux dire il n'a jamais été expliqué. Les faces du parhélie tournées vers le soleil présentent toujours les couleurs de l'arc-en-ciel; les faces opposées, de même que le cercle qui semble servir de soutien à ces faux soleils, sont de couleur blanche.

Quelquefois cependant on a vu des parhélies se présenter sous un tout autre aspect. En 1674, à Mariemberg, alors ville de Pologne, appartenant aujourd'hui à la Prusse, le ciel étant sans nuage et le soleil au-dessus de l'horizon, on vit tout à coup jaillir de cet astre de longs rayons d'une lumière rougeâtre qui s'élevèrent à une grande hauteur. En même temps on aperçut au-dessous du soleil un petit nuage peu compact et peu distant de l'horizon. Au bas de ce nuage on remarqua une image du soleil, de même grandeur apparente que cet astre et de couleur tirant sur le rouge. Peu à peu le soleil descendit vers l'horizon; à mesure qu'il s'approchait du nuage, le parhélie devenait plus brillant, au point de répandre autant de lumière que le soleil lui-même; et celui-ci, continuant de descendre vers son image, finit par se confondre avec elle. Ce qu'il y eut de plus extraordinaire, c'est que l'apparition de ce phénomène fut suivie d'un froid excessif qui se prolongea jusqu'à la fin du mois de mars.

Le 28 août 1698, à huit heures du matin, on vit dans le comté de Suffolk trois faux soleils extrêmement brillants. Le soleil lui-même était caché par un épais nuage, que de temps en temps il perçait dans le centre de rayons si éclatants de lumière, qu'on ne pouvait les regarder; le ciel était partout ailleurs très serein et du plus bel azur. Ces parhélies étaient renfermées dans un cercle d'un blanc très pur. Dans le même temps on voyait à une plus grande élévation une espèce d'arc-en-ciel renversé, c'est-à-dire ayant des pointes en haut. Il était à une grande distance des parhélies, d'une couleur de feu très vive, et d'environ deux et demi à trois pieds de largeur apparente d'une pointe à l'autre. Ces phénomènes se dissipèrent peu à peu au bout de deux heures.

Ce phénomène s'est souvent renouvelé; on a vu à plusieurs époques et en différents lieux des parhélies et des arcs renversés. On cite surtout les deux parhélies qui se montrèrent dans le comté de Rutland, dans le mois d'octobre 1721, en même temps qu'un véritable arc-en-ciel renversé, placé au milieu entre la distance qui existait entre le bord extérieur du halo du soleil et le zénith. Seulement les couleurs ne paraissaient pas dans le même ordre; le rouge occupait la partie convexe, et le bleu la partie concave. Sur le sommet du halo [1] on voyait aussi un arc renversé fort brillant. Le même phénomène parut le lendemain et trois ou quatre jours après. Il y avait eu dans le mois de septembre une aurore boréale, et l'on imagina que les parhélies et les arcs renversés n'étaient qu'un reste des matières de cette aurore.

ARC-EN-CIEL LUNAIRE

Ce phénomène est extrêmement rare, et il ne se montre guère que pendant l'hiver, quand la lune est dans son plein et que le temps est pluvieux. Il a toutes les dimensions et toutes les couleurs de l'arc-en-ciel solaire, seulement les couleurs y paraissent moins vives, ce qui provient incontestablement de ce que la lumière qui tombe du soleil sur la lune, déjà très affaiblie par la réflexion qu'elle subit, s'affaiblit encore par la réfraction qu'elle éprouve dans les nuages.

ARC-EN-CIEL SOLAIRE

De tous les météores lumineux, il n'en est pas de plus magnifique que l'arc-en-ciel. L'aurore boréale, avec ses jets de flamme, les bolides, les étoiles tombantes ont peut-être un caractère plus capable de faire impression, parce que nous y attachons malgré nous un léger sentiment d'inquiétude et de crainte qui nous fait reconnaître notre petitesse devant la

[1] On appelle ainsi le cercle rouge qui entoure quelquefois le soleil, le cercle argenté qui se voit autour de la lune.

toute-puissance de Celui dont la seule pensée commande aux éléments. L'arc-en-ciel n'a rien d'effrayant : il est beau, et à son aspect nous nous sentons doucement émus, surtout si, élevés dans les saints principes, nous y retrouvons le signe sacré de l'alliance que l'Éternel daigna jadis faire avec l'homme.

Avant d'aller plus loin, arrêtons-nous un instant sur ces derniers mots. Quelques écrivains appartenant à la secte des philosophes modernes, voulant détruire l'autorité de la Genèse, ont accusé Moïse d'ignorance et d'imposture, en lui faisant dire ce qu'il n'a point dit, que *Dieu ne créa l'arc-en-ciel qu'après le déluge*, et que, *suivant l'opinion commune, ce phénomène n'avait pas toujours existé*. Mais il n'y a pas un seul mot dans le texte sacré dont on puisse tirer ces conséquences, et le sentiment général de tous les interprètes, de toutes les communions, même de celles qui sont le plus ouvertement ennemies du catholicisme, est que Moïse n'a prétendu en aucune manière que Dieu créa l'arc-en-ciel après le déluge pour signe de son alliance avec le nouveau genre humain qui allait naître des enfants de Noé ; tous, au contraire, conviennent que Moïse a supposé que le phénomène était déjà existant, et que Dieu alors a voulu seulement le choisir pour signe de son alliance avec l'homme. Cette opinion des interprètes est fondée sur le sens du texte.

L'arc-en-ciel consiste en une large bande semi-circulaire, formée de sept couleurs primitives, imprimées, pour ainsi dire, sur une épaisse nuée qui se résout en pluie. Quelquefois au-dessous de cet arc on en voit un second, où les couleurs moins vives se montrent dans un ordre inverse de celui qu'elles gardent dans l'arc principal. Ici on les voit rangées dans l'ordre suivant, de bas en haut : violet, indigo, bleu, vert, jaune, orangé, rouge ; dans l'arc supérieur on voit d'abord le rouge, et successivement l'orangé, le jaune, le vert, le bleu, l'indigo, le violet. C'est absolument le même ordre que gardent les couleurs du rayon lumineux décomposé par les prismes. Dès l'an 1611, l'Italien Dominis, dans son livre du *Rayon visuel de la lumière*, disait que le phénomène est produit par la réfraction et la réflexion. Le premier de ces mots signifie que le rayon lumineux, en passant d'un milieu dans un autre, par exemple de l'air dans l'eau, subit un changement sensible de direction, remontant au-dessus de la ligne droite quand le second milieu est plus dense, s'éloignant en dessus de cette même ligne quand ce second milieu est moins dense que le premier. On entend par réflexion la propriété qu'ont en général les corps de faire jaillir à leur surface des rayons lumineux qui la frappent. Mais Dominis et l'Allemand Képler, qui avait eu la même pensée, se contentèrent de dire que la réfraction et la réflexion s'opéraient dans des gouttes de pluie : ils ne cherchèrent pas à s'expliquer la division si régulière des rayons lumineux en sept couleurs. Il était réservé à l'Anglais Newton de démontrer les causes et les effets de l'arc-en-ciel. C'est en décomposant la lumière, et en isolant, pour ainsi dire, les sept couleurs qui la forment par leur mélange, qu'il y est parvenu. Il n'entre pas dans notre plan d'expliquer ici sa théorie ; il nous suffit de dire que pour voir l'arc-en-ciel il faut tourner le dos au soleil, avoir devant soi d'épais nuages se résolvant en pluie et formant une large nappe d'eau composée d'une infinité de globules ; il faut encore que le soleil ne soit élevé que de 40° à 44° au-dessus de l'horizon, de sorte que le rayon solaire direct qui va frapper la goutte d'eau, et dont une partie est réfléchie vers le spectateur, forme avec cette partie réfléchie un angle de 42°.

La division des rayons solaires en sept couleurs, qu'on voit constamment rangées de la même manière, vient du plus ou moins de réfrangibilité des couleurs, c'est-à-dire de la faculté plus ou moins grande qu'elles ont de se réfracter. Les rayons rouges sont ceux qui se réfractent le moins ; les rayons violets sont ceux qui se réfractent le plus. Quand on voit un arc supérieur au-dessus du principal, les couleurs se montrent dans un sens inverse, parce que les rayons solaires se réfractent en entrant dans les gouttes d'eau, et qu'avant d'en sortir ils subissent une double réflexion, ce qui les force à se croiser, comme cela arrive aux rayons visuels, qui, passant à travers un verre convexe, nous montrent les objets renversés.

On produit une espèce d'arc-en-ciel en tournant le dos au soleil et en jetant en l'air un verre d'eau. Ce phénomène se voit aussi au sommet des jets d'eau, sur les cascades que le soleil éclaire. Si, après une ondée de pluie, on jette les yeux sur un champ, sur une prairie, que l'on soit sur un lieu un peu élevé, et que le soleil soit très près de l'horizon, on aperçoit une portion de cercle de lumière colorée semblable à l'arc-en-ciel; c'est l'effet de la lumière réfractée et réfléchie par les gouttes d'eau suspendues aux brins d'herbe.

Arc-en-ciel.

L'arc-en-ciel marin est un phénomène de même nature, paraissant lorsque la mer est agitée et que les rayons du soleil viennent se briser obliquement sur les vagues. Les couleurs en sont moins vives et moins distinctes; souvent même on ne distingue que le jaune et le vert; en revanche les arcs sont très nombreux: on en voit quelquefois jusqu'à trente. Ils se présentent renversés, parce que les rayons qui les forment subissent une double réfraction.

ARCS-EN-CIEL CONCENTRIQUES

Le savant espagnol Ulloa, qui passa plusieurs années dans l'Amérique méridionale, chargé d'un commandement supérieur, se trouvant un jour avec plusieurs autres personnes au milieu des bruyères sauvages de Pambamarca, dans les Cordillères, fut témoin d'un phénomène bien extraordinaire, dont il a rendu compte en ces termes : « Dès le point du jour toute la montagne avait été couverte d'épais nuages qui se dispersèrent au soleil levant, ne laissant après eux que des vapeurs si subtiles, qu'il était à peu près impossible de les distinguer; du côte opposé au soleil, à la distance environ de 30 toises du lieu où nous nous étions arrêtés, chacun de nous voyait une représentation fidèle de sa propre image, comme si elle se réfléchissait sur la surface d'un miroir; mais, chose étrange, nous voyions tous notre tête entourée comme d'une auréole composée de trois arcs-en-ciel concentriques, placés exactement l'un au-dessus de l'autre. Au delà de ces trois arcs, et à peu de distance, on en remarquait un quatrième, de couleur blanche. Tous ces arcs étaient perpendiculaires à l'horizon. Si nous faisions un mouvement, un pas à droite ou à gauche, le phénomène marchait avec nous sans que sa forme en fût altérée. Ce qu'il y avait de plus surprenant, c'est que des cinq ou six individus que nous nous trouvions ensemble en ce moment, aucun n'apercevait l'auréole de ses voisins, il ne voyait que la sienne. » L'existence de ce phénomène est attestée par M. Bouguer, de l'Académie des sciences de Paris, choisi par elle pour aller avec la Condamine au Pérou, à l'effet de déterminer la figure de la terre.

Ce même phénomène a été remarqué en Angleterre par M. Hagurth, le 14 février 1780, sur la montagne de Rhealth, qui forme la frontière orientale de la vallée de Clwid, dans le Derbyshire. « Je voyais, dit-il, au-dessus de moi, sur la route, un nuage blanc très brillant, qui touchait immédiatement le sol. Le soleil était alors près de se coucher; mais il jetait encore un éclat extraordinaire. Je montai directement vers le nuage, à travers lequel je voyais mon ombre se projeter; et je m'aperçus que cette ombre était entourée, à sa partie supérieure, d'un cercle de plusieurs couleurs, dont le centre paraissait être à la hauteur des yeux, tandis que l'arc s'étendait jusqu'aux épaules. Ce cercle était entier, à l'exception de la partie occupée par mon ombre ; il offrait à l'œil de vives couleurs, parmi lesquelles je voyais dominer le rouge. Les couleurs se montraient d'ailleurs dans le même ordre que dans l'arc-en-ciel.

« A mesure que je marchais, l'auréole se rapprochait ou s'éloignait, selon que mon ombre se raccourcissait ou s'allongeait; ce qui dépendait des irrégularités de la route, qu'on voyait tantôt monter, tantôt descendre. Une chose augmentait la beauté de cette espèce de scène magique : c'était la présence, dans l'éloignement, de deux grands arcs d'un beau blanc, l'un à gauche, l'autre à droite. Ils avaient la forme et la largeur de l'arc-en-ciel; mais les deux côtés ne se joignaient point parfaitement à leur sommet, à cause du peu de densité du nuage dans sa partie la plus élevée. »

PHÉNOMÈNES AQUEUX

Les phénomènes aqueux sont tous ceux qui sont produits dans l'atmosphère par la condensation des vapeurs qui s'élèvent nuit et jour de la surface du globe, montent dans les hautes régions de l'air, forment les nuées, et bientôt, ne pouvant plus se soutenir à cause de leur pesanteur, retombent en pluie, en neige, en grêle, etc., remplaçant ainsi sur la terre l'eau qui s'est évaporée.

L'évaporation est une opération de la nature par laquelle l'eau, réduite à l'état de vapeur invisible au moyen du calorique, monte dans l'air, et se mêle avec lui d'une façon plus ou moins intime. Plus la chaleur augmente, plus l'évaporation est forte et rapide; c'est ce qui rend cette dernière si abondante dans les régions équatoriales, et cause ces pluies torrentielles qui enflent les fleuves et les font sortir de leur lit.

Il est à remarquer pourtant que, sous l'équateur même, l'évaporation est moins forte qu'on pourrait le penser; l'air y est tellement saturé d'humidité, que les parties aqueuses qui s'évaporent ont beaucoup de peine à s'élever; et c'est là sans doute ce qui cause cette riche végétation qui pare les rivages de l'Amérique méridionale, quoiqu'il n'y pleuve presque jamais.

Le mouvement de l'air ne nuit pas à l'évaporation ; mais les vents, ceux surtout qui soufflent horizontalement, diminuent l'humidité, parce qu'ils emportent en passant les vapeurs aqueuses, et qu'ils amènent constamment des couches d'air moins chargées de vapeurs. Plusieurs circonstances peuvent d'ailleurs faire varier la masse des évaporations : l'état de repos ou de mouvement des eaux, la quantité d'ombre plus ou moins grande, la nature du sol ; mais la cause la plus constante de l'évaporation, c'est la température, tout comme le degré d'humidité dépend de la résistance que l'air oppose à l'ascension des vapeurs.

C'est à l'évaporation constante qui a lieu sur toute la surface du globe qu'est dû le maintien de l'équilibre entre la masse d'eau que versent les fleuves et les rivières dans les bassins où ils se déchargent, et celle que perdent non seulement ces bassins, mais les fleuves eux-mêmes. Les nuages nous envoient autant d'eau que la chaleur en enlève ; c'est un flux et reflux continuel d'une matière qui, toujours en mouvement, passe de l'état de fluide à celui de vapeur, se condense et retombe en prenant la forme que l'évaporation lui avait fait perdre.

DE LA PLUIE

La quantité de pluie est toujours proportionnée à celle de l'évaporation ; aussi est-elle beaucoup plus abondante dans les contrées équinoxiales que dans les climats tempérés. Entre les tropiques, les pluies sont périodiques, c'est-à-dire qu'elles reviennent tous les ans aux mêmes époques. Dans la partie méridionale de l'Afrique, elles commencent vers le mois d'octobre et durent jusqu'à la fin d'avril; dans la partie septentrionale, au contraire, c'est-à-dire entre l'équateur et le tropique du Cancer, elles commencent en mai, tombent en juin avec la plus grande violence, et ne cessent qu'à la fin de septembre. Ce sont les pluies de l'Éthiopie qui produisent les débordements du Nil.

Dans l'Inde, c'est la mousson du sud-ouest qui les amène. Le moment de leur arrivée est toujours annoncé par divers phénomènes : des nuages épais qui viennent de la mer, d'épouvantables éclats de tonnerre, des rafales de vent, des tempêtes. Au bout de quelques heures le tonnerre cesse, le vent s'apaise, mais la pluie continue de tomber : en peu de temps les vastes plaines ne sont plus que des lacs immenses coupés par des courants rapides qui se croisent en tous sens.

En Amérique, la chaîne des Andes modifie singulièrement l'action des pluies. L'eau tombe, ou, pour mieux dire, se précipite de la nue sur le flanc des montagnes et les vallées voisines. Le pays plus éloigné est presque toujours couvert de nuages; mais il y pleut rarement, et il ne doit sa fertilité qu'aux rivières sans nombre qui l'arrosent. Dans le reste de l'Amérique, les pluies suivent à peu près les mêmes règles qu'en Afrique.

Dans les climats tempérés, les pluies ne sont point périodiques; elles sont dues à tant de causes, la plupart locales, qu'on ne saurait déterminer le temps où elles tombent.

On a calculé la quantité moyenne des eaux qui tombent annuellement. M. Arago a dressé la table suivante : au cap Français, à Saint-Domingue, la hauteur des eaux pluviales est de 308 centimètres; à Calcutta, dans l'Inde, de 205; à Kendal, en Angleterre, de 155; à Gênes, de 140; à Charlestown, aux États-Unis, de 130; à Naples et à Douvres, de 93; à Lyon, de 89; à Venise, de 81; à Lille, de 76; à Londres et à Paris, de 53; à Saint-Pétersbourg, de 46.

Les gouttes de pluie sont plus grosses l'été que l'hiver. C'est que la chaleur fait monter la vapeur beaucoup plus haut, de sorte que, la condensation s'opérant dans les régions supérieures, la pluie tombe d'une grande hauteur; et plus les gouttes de pluie arrivent de loin, plus leur volume augmente, parce que dans le trajet elles ont le temps de se réunir en plus grand nombre. L'eau de pluie, dans la saison des chaleurs, est malsaine, surtout dans les lieux bas, parce qu'elle s'imprègne de toutes les exhalaisons fétides du sol. Dans les lieux élevés et par les temps ordinaires, cette eau est très pure.

Les pluies abondantes purifient l'atmosphère, parce qu'en tombant elles précipitent toutes les émanations du sol. Cet effet est très sensible dans les temps d'orage; on respirait avec peine, l'air paraissait obscurci, nos yeux semblaient couverts d'un voile. Après la pluie, la respiration devient plus facile, l'air plus brillant, nos sens plus actifs. La pluie rafraîchit l'air autour de nous; c'est qu'en arrivant des hautes régions de l'atmosphère elle est plus froide que l'air des lieux bas. En se mêlant à lui, elle lui fait perdre une partie de sa chaleur.

DES VAPEURS ET DES EXHALAISONS

Nous avons souvent employé ces deux mots, que bien des gens regardent comme ayant la même signification; c'est une erreur. La vapeur et l'exhalaison sont deux choses différentes, quoique assez semblables dans leur forme et dans leurs effets.

Le mot vapeur s'applique spécialement aux particules aqueuses qui sortent du sein des eaux par l'évaporation et s'élèvent dans l'air. Quand ces vapeurs montent à travers une atmosphère un peu froide, on les aperçoit distinctement sous la forme d'une fumée blanchâtre.

On entend par exhalaisons les particules qui émanent des corps terrestres de toute espèce, des plantes, des animaux, des minéraux, des métaux, etc. Tous les corps, quelle qu'en soit la densité, se consument à la longue par l'effet d'une sorte de transpiration insensible. Un morceau de camphre d'un pouce de diamètre, exposé en plein air, donne tant d'émanation, qu'au bout de quinze jours il n'en reste plus rien. Les eaux pluviales, recueillies dans un lieu où l'atmosphère se trouve chargée de ces poussières étrangères, déposent dans le fond du vase qui les contient un sédiment grisâtre qui n'est pas autre chose que le résidu de ces corpuscules entraînés par la pluie.

DU SEREIN

On désigne sous le nom de serein une pluie très fine qui tombe quelquefois après le coucher du soleil pendant l'été, quand le ciel est sans nuages. L'explication de ce phénomène n'offre aucune difficulté. Dès que le soleil se couche, l'air diminue assez brusquement de température ; il peut donc arriver que ce fluide ne puisse plus contenir à l'état gazeux toute la vapeur d'eau qu'il renfermait avant son refroidissement, et par conséquent qu'une partie de cette vapeur se condense brusquement sous forme de gouttelettes.

Le serein est dangereux, parce que la vapeur d'eau, en se condensant, entraîne avec elle les corpuscules étrangers qui flottent dans l'atmosphère, les exhalaisons putrides, les miasmes, et dissout une certaine portion d'acide carbonique. Il n'en faut pas tant, avec le brusque refroidissement de l'air, pour expliquer les fièvres et les autres maladies dont le serein est souvent la cause ; de là aussi ce nombre infini de fluxions, de maux de tête et de dents, de catarrhes, de rhumatismes, etc., dont tant de personnes se plaignent après des promenades nocturnes qu'elles croyaient utiles à leur santé.

DE LA ROSÉE

Lorsqu'un corps est exposé dans un lieu découvert pendant une nuit calme et sereine, il perd, par son rayonnement vers les espaces célestes, plus de calorique qu'il n'en reçoit, et il éprouve par conséquent un refroidissement plus ou moins intense, selon que son pouvoir émissif est plus ou moins grand.

Ce refroidissement, dans certaines circonstances, produit la rosée. En effet, les couches d'air qui sont en contact avec le corps refroidi se refroidissent elles-mêmes, et ne peuvent plus conserver la vapeur d'eau à l'état gazeux ; celle-ci se condense sur le corps refroidi et forme la rosée.

Plusieurs corps influent sur la production de la rosée. Ainsi les corps doués d'un grand pouvoir émissif, comme l'herbe, le verre, etc., se refroidissant plus que les autres, doivent se couvrir d'une plus grande quantité de rosée. Quand le ciel est couvert de nuages, le rayonnement du corps est presque compensé par le rayonnement des nuages ; aussi le refroidissement est-il peu considérable, et partant il y a peu de rosée. Une trop grande agitation de l'air produit le même effet. Les abris qui peuvent se trouver dans le voisinage d'un corps s'opposent aussi à son refroidissement, et par conséquent à la production de la rosée.

La rosée se dépose pendant toute la nuit, mais principalement vers le lever du soleil. Elle est peu abondante en hiver et en été ; car, dans ces deux saisons, il existe peu de différence entre la température du jour et de la nuit ; elle est, au contraire, très abondante au printemps et surtout en automne.

Le givre ou la gelée blanche provient, comme la rosée, du rayonnement nocturne des corps vers les espaces célestes. Lorsque la température de l'air est seulement de 3 à 4 degrés, les corps peuvent prendre, par l'effet de leur rayonnement, une température inférieure à zéro, et congeler la vapeur qui se dépose sur eux. Telle est la cause de la gelée blanche. Elle se forme principalement, dans nos climats, au commencement du printemps et vers le milieu de l'automne. Un léger abri suffit souvent pour préserver les plantes de la gelée blanche.

DE LA NEIGE

Les cristaux qui composent les flocons de neige sont des aiguilles d'une régularité parfaite et d'une finesse extrême. On pense qu'ils proviennent du passage brusque de la vapeur d'eau à l'état solide, car on ne peut concevoir que les gouttes d'eau, même les plus petites, puissent, en se congelant, donner naissance à des aiguilles aussi déliées. La congélation de la vapeur d'eau provient d'ailleurs, comme l'indiquent plusieurs observations, d'un refroidissement subit occasionné par un vent froid du nord.

On a souvent remarqué qu'au moment où la neige est près de tomber, le froid diminue sensiblement. Cela tient à ce que la vapeur d'eau abandonne, pour se congeler, tout le calorique latent qu'elle avait absorbé pour passer à l'état de vapeur.

On rencontre de la neige rouge dans plusieurs localités. On a reconnu par l'analyse chimique que leur matière colorante était identique, et qu'elle était due à un champignon microscopique de couleur rouge.

Plusieurs montagnes élevées sont recouvertes de *neiges perpétuelles*. La limite inférieure de ces neiges varie avec la latitude : elle est de 2,800 mètres au-dessus de la mer sous l'équateur; de 4,800 dans les Pyrénées, de 2,500 dans les Alpes, et de 1,700 dans la Laponie. On a cru longtemps que les lieux où commencent les neiges perpétuelles avaient pour température moyenne la température de la glace fondante; mais il n'en est pas ainsi, comme l'ont démontré de bons expérimentateurs. La température moyenne, correspondante à la limite inférieure des neiges perpétuelles, est de 3 à 4 degrés au-dessous de zéro dans les Pyrénées et les Alpes, et de 6 degrés dans la Laponie.

DES AVALANCHES

On désigne par ce nom des masses de neige qui se détachent du sommet des montagnes, se grossissent en roulant, acquièrent une vitesse proportionnée à leur volume et à la hauteur d'où elles tombent, entraînant tout ce qu'elles rencontrent, les arbres, les habitations, les roches même, couvrant de tristes débris les lieux où elles s'arrêtent, opposant au cours des eaux une digue qui les force à déborder, portant la désolation et la ruine partout où leur chute est déterminée par quelque accident. Ces éboulements, qui ne sont que trop communs dans les Alpes, ont été observés avec soin par des voyageurs instruits qui ont essayé d'en découvrir les causes médiates, car la cause immédiate ne peut être que la pesanteur des masses reposant sur des plans inclinés, et leur peu d'adhérence au sol qui les supporte.

On a remarqué que, si le froid est médiocre, les molécules de neige conservent entre elles beaucoup d'adhérence, et dans ce cas elles forment des masses qui peuvent se détacher, si leur adhésion au sol est moindre que leur pesanteur. Par un froid vif de 15 à 20° Réaumur, la neige devient pulvérulente, ses molécules se séparent et forment une poudre presque impalpable, que le souffle le plus léger agite, soulève et fait flotter dans les airs comme des nuages; il n'y a pas alors d'avalanche à craindre; mais le danger, pour être d'une autre espèce, n'en est pas moins grand. Si une rafale de vent survient, cette neige s'élève, tourbillonne, retombe, ensevelit sous elle l'imprudent voyageur.

La vraie cause des avalanches, c'est la fonte des neiges au printemps. Sur une surface plane, il est incontestable que c'est la surface de la neige qui commence à fondre, bien que, par la chaleur que la terre acquiert et qui se communique de la terre à la couche de neige immédiate, cette couche inférieure fonde en même temps et même plus vite que la surface extérieure. Sur un plan incliné, les choses se passent autrement : dès que la chaleur de la terre a détruit l'adhésion de la couche de neige superposée, la masse supérieure se détache, et, abandonnée à son poids, elle tombe. Du reste, en toute saison, la violence des vents peut produire une avalanche.

Les gens du pays prétendent que le moindre bruit, la plus faible détonation peuvent produire une avalanche, et il n'est pas douteux que, le bruit causant un léger ébranlement dans la colonne d'air qui lui sert de véhicule, la chute peut être occasionnée par cet ébranlement, si la pesanteur et la force d'adhésion au sol se trouvent en équilibre. Aussi, quand on passe en un lieu où les avalanches sont communes, ou qu'on a lieu de les craindre, chacun marche en silence, faisant le moins de bruit possible, et l'on tamponne les sonnettes des mulets.

On dirait presque, en voyant les précautions que prennent ces animaux, qu'ils pressentent le danger, et que, se fiant à leurs conducteurs pour les moyens de l'éviter, ils se prêtent docilement à tout ce qu'on leur demande.

Quelquefois, quand la caravane voyageuse arrive à un endroit suspect, avant de s'engager sous les masses de neige, on dirige sur elles plusieurs décharges de mousqueterie, et il est assez ordinaire que la commotion amène les avalanches; on peut ensuite passer sans danger. Au surplus, quand l'avalanche se détache et commence à rouler, c'est avec tant de bruit, qu'on peut en fuyant se soustraire au danger. Dans les parages fortement boisés, les avalanches sont peu à craindre, parce que les groupes d'arbres arrêtent leur marche. Aussi les magistrats des lieux sujets à ce fléau veillent-ils avec soin à ce qu'on n'abatte point les forêts qui, s'élevant au-dessus des habitations, les couvrent, pour ainsi dire, de leurs rameaux protecteurs.

DE LA GRÊLE

Si le nuage neigeux est saisi par un froid subit et rigoureux, les vapeurs dont il se compose se condensent en globules plus ou moins considérables, se gèlent fortement, et sont déterminées alors par leur pesanteur à retomber sur la terre; elles s'unissent quelquefois dans leur chute au point d'acquérir un très fort volume; ou peut-être n'acquièrent-elles ce volume qu'en congelant toutes les particules aqueuses qu'elles touchent, devenant ainsi le noyau de plusieurs couches de glace. Ce sont ces globules, dont la forme, rarement arrondie, est le plus souvent anguleuse, que nous désignons par les noms de grêle et de grêlons.

La grêle tombe plus souvent l'été que l'hiver: c'est que, dans cette dernière saison, l'atmosphère étant plus dense, les vapeurs s'élèvent moins; de sorte que l'eau en tombant n'a pas le temps de passer à l'état de congélation. Il s'élève d'ailleurs dans l'été une quantité bien plus grande de vapeurs, et l'électricité atmosphérique, qui paraît jouer un rôle dans la formation de la grêle, est alors plus abondante.

Les grêlons sont quelquefois d'une grosseur extraordinaire. En juillet 1696, il tomba à Norfolk et à Suffolk, deux villes d'Angleterre, des grêlons de la grosseur d'un œuf de dinde. On prétend même en avoir mesuré qui avaient 8 à 11 pouces de circonférence.

Le 24 mai 1686, à Lille, on vit tomber des grêlons qui pesaient depuis trois onces jusqu'à une livre. Un de ces grêlons contenait un noyau de matière noirâtre, qui, jeté au feu, fit entendre une forte détonation, sans doute par l'explosion de la vapeur d'eau qu'il renfermait.

DU GRÉSIL ET DU VERGLAS

Le grésil provient, comme la neige, de la congélation de la vapeur d'eau contenue dans l'atmosphère; il est formé de petites aiguilles entrelacées de manière à produire des pelotes assez compactes. Il tombe ordinairement dans nos climats au commencement du printemps. La transformation de la vapeur d'eau en grésil paraît due à un vent du nord assez froid.

Le verglas est une couche de glace mince et transparente qui recouvre quelquefois la terre. Il se forme évidemment sur place, lorsqu'il tombe une pluie peu abondante et que la terre a une température inférieure à zéro.

DU BROUILLARD

Les brouillards proviennent d'un refroidissement opéré par une cause quelconque dans un air plus ou moins saturé d'humidité.

Les brouillards qui se forment loin des rivières, pendant

la nuit, sont dus au refroidissement nocturne du sol et de l'atmosphère ; ils disparaissent ordinairement pendant le jour, car le soleil, en revenant sur l'horizon, élève la température de l'air, et ce fluide peut alors contenir à l'état de vapeur une plus grande quantité d'humidité.

Les brouillards qui se forment sur les rivières sont dus à une cause toute différente. La température de l'eau, au moment de leur formation, est ordinairement supérieure à celle de la terre et de l'air environnant. La vapeur produite par l'évaporation du liquide, trouvant un milieu plus froid, se condense en partie.

Le brouillard est évidemment d'autant plus épais que l'air est plus humide et que la température de ce gaz est plus différente de celle de l'eau. Lorsque l'air est très sec et très agité, la température de l'eau peut être supérieure à la température de l'air sans qu'un brouillard se produise, car les courants emportent la vapeur aussitôt qu'elle se forme, et l'air voisin du liquide n'arrive jamais à l'état de saturation. Telle est la cause la plus générale des brouillards formés sur les rivières, les sources et les grandes masses d'eau ; mais il s'en forme quelquefois aussi dans des circonstances bien différentes ; c'est ce qui arrive après les dégels et les pluies d'orage, quoique la température de l'air surpasse celle de l'eau. L'air, dans ces circonstances, étant à peu près saturé d'humidité, doit nécessairement déposer une partie de ses vapeurs sur les corps froids qu'il environne.

FIN

TABLE

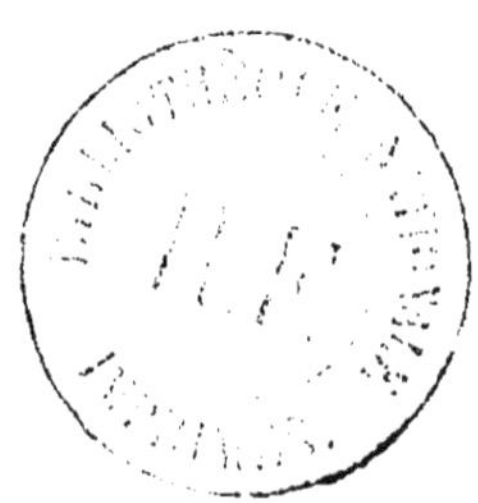

23284. — Tours, impr. Mame.

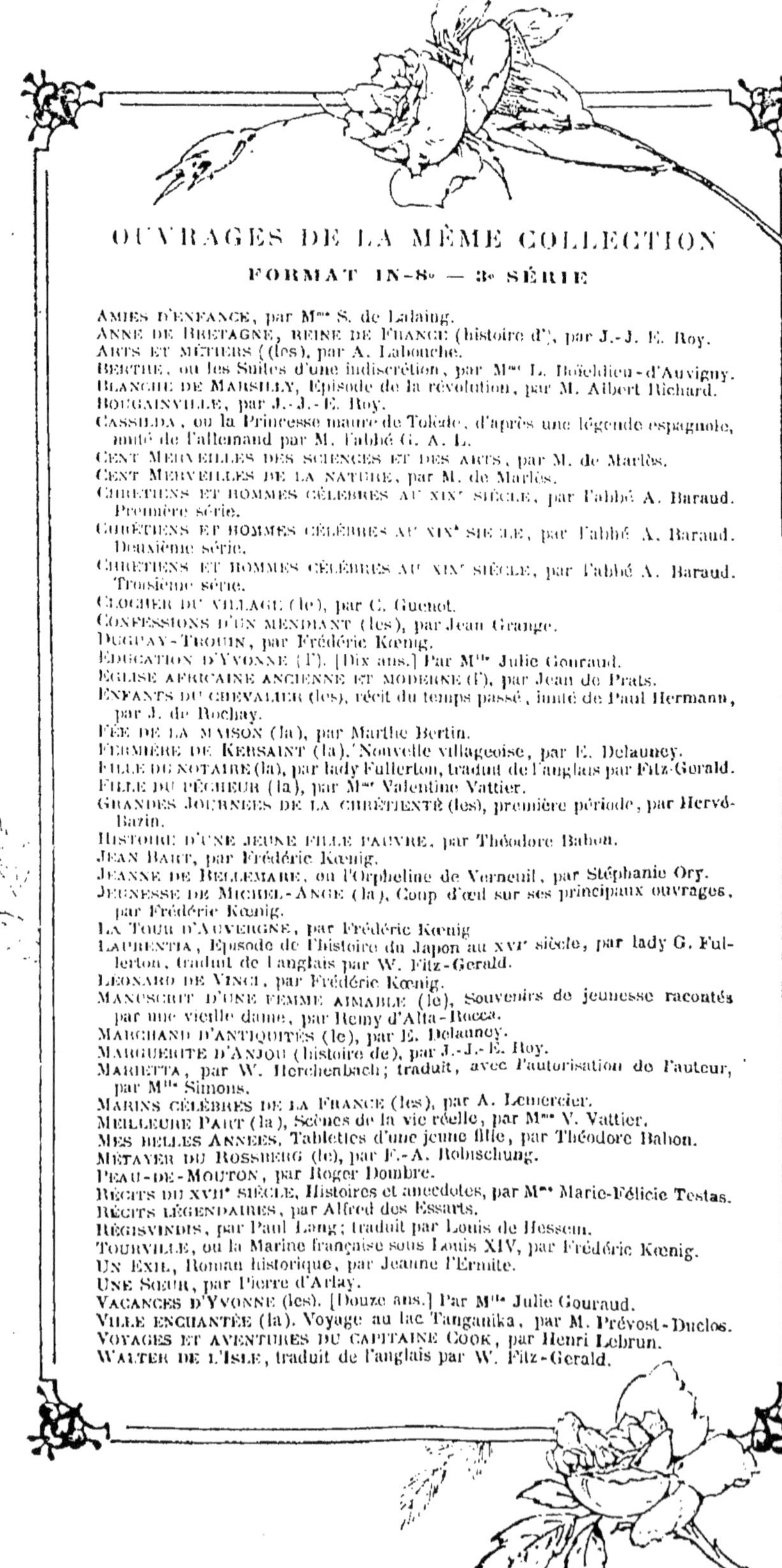

OUVRAGES DE LA MÊME COLLECTION

FORMAT IN-8° — 3e SÉRIE

AMIES D'ENFANCE, par Mme S. de Lalaing.
ANNE DE BRETAGNE, REINE DE FRANCE (histoire d'), par J.-J. E. Roy.
ARTS ET MÉTIERS (les), par A. Labouche.
BERTHE, ou les Suites d'une indiscrétion, par Mme L. Boïeldieu-d'Auvigny.
BLANCHE DE MARSILLY, Épisode de la révolution, par M. Albert Richard.
BOUGAINVILLE, par J.-J.-E. Roy.
CASSILDA, ou la Princesse maure de Tolède, d'après une légende espagnole, imité de l'allemand par M. l'abbé G. A. L.
CENT MERVEILLES DES SCIENCES ET DES ARTS, par M. de Marlès.
CENT MERVEILLES DE LA NATURE, par M. de Marlès.
CHRÉTIENS ET HOMMES CÉLÈBRES AU XIXe SIÈCLE, par l'abbé A. Baraud. Première série.
CHRÉTIENS ET HOMMES CÉLÈBRES AU XIXe SIÈCLE, par l'abbé A. Baraud. Deuxième série.
CHRÉTIENS ET HOMMES CÉLÈBRES AU XIXe SIÈCLE, par l'abbé A. Baraud. Troisième série.
CLOCHER DU VILLAGE (le), par C. Guenot.
CONFESSIONS D'UN MENDIANT (les), par Jean Grange.
DUGUAY-TROUIN, par Frédéric Kœnig.
ÉDUCATION D'YVONNE (l'). [Dix ans.] Par Mlle Julie Gouraud.
ÉGLISE AFRICAINE ANCIENNE ET MODERNE (l'), par Jean de Prats.
ENFANTS DU CHEVALIER (les), récit du temps passé, imité de Paul Hermann, par J. de Rochay.
FÉE DE LA MAISON (la), par Marthe Bertin.
FERMIÈRE DE KERSAINT (la). Nouvelle villageoise, par E. Delauney.
FILLE DU NOTAIRE (la), par lady Fullerton, traduit de l'anglais par Fitz-Gerald.
FILLE DU PÊCHEUR (la), par Mme Valentine Vattier.
GRANDES JOURNÉES DE LA CHRÉTIENTÉ (les), première période, par Hervé-Bazin.
HISTOIRE D'UNE JEUNE FILLE PAUVRE, par Théodore Bahon.
JEAN BART, par Frédéric Kœnig.
JEANNE DE BELLEMARE, ou l'Orpheline de Verneuil, par Stéphanie Ory.
JEUNESSE DE MICHEL-ANGE (la), Coup d'œil sur ses principaux ouvrages, par Frédéric Kœnig.
LA TOUR D'AUVERGNE, par Frédéric Kœnig
LAURENTIA, Épisode de l'histoire du Japon au XVIe siècle, par lady G. Fullerton, traduit de l'anglais par W. Fitz-Gerald.
LÉONARD DE VINCI, par Frédéric Kœnig.
MANUSCRIT D'UNE FEMME AIMABLE (le), Souvenirs de jeunesse racontés par une vieille dame, par Remy d'Alta-Rocca.
MARCHAND D'ANTIQUITÉS (le), par E. Delauney.
MARGUERITE D'ANJOU (histoire de), par J.-J.-E. Roy.
MARIETTA, par W. Herchenbach; traduit, avec l'autorisation de l'auteur, par Mlle Simons.
MARINS CÉLÈBRES DE LA FRANCE (les), par A. Lemercier.
MEILLEURE PART (la), Scènes de la vie réelle, par Mme V. Vattier.
MES BELLES ANNÉES, Tablettes d'une jeune fille, par Théodore Bahon.
MÉTAYER DU ROSSBERG (le), par F.-A. Robischung.
PEAU-DE-MOUTON, par Roger Dombre.
RÉCITS DU XVIIe SIÈCLE, Histoires et anecdotes, par Mme Marie-Félicie Testas.
RÉCITS LÉGENDAIRES, par Alfred des Essarts.
RÉGISVINDIS, par Paul Lang; traduit par Louis de Hessem.
TOURVILLE, ou la Marine française sous Louis XIV, par Frédéric Kœnig.
UN EXIL, Roman historique, par Jeanne l'Ermite.
UNE SŒUR, par Pierre d'Arlay.
VACANCES D'YVONNE (les). [Douze ans.] Par Mlle Julie Gouraud.
VILLE ENCHANTÉE (la). Voyage au lac Tanganika, par M. Prévost-Duclos.
VOYAGES ET AVENTURES DU CAPITAINE COOK, par Henri Lebrun.
WALTER DE L'ISLE, traduit de l'anglais par W. Fitz-Gerald.

www.ingramcontent.com/pod-product-compliance
Ingram Content Group UK Ltd.
Pitfield, Milton Keynes, MK11 3LW, UK
UKHW012215240726
13966UKWH00003B/771

9 782011 948427